U0189876

陇东学院学术著作基金资助出版

降雨入渗对黄土边坡稳定性的影响及生态护坡防治技术研究

杨永东　刘永德　著

中国海洋大学出版社

·青岛·

图书在版编目（CIP）数据

降雨入渗对黄土边坡稳定性的影响及生态护坡防治技术研究 / 杨永东, 刘永德著 . -- 青岛 : 中国海洋大学出版社 , 2024.1

ISBN 978-7-5670-3752-6

Ⅰ.①降… Ⅱ.①杨… ②刘… Ⅲ.①降雨—下渗—影响—黄土—边坡稳定性—研究②黄土—边坡加固—研究 Ⅳ.① P642.22

中国国家版本馆 CIP 数据核字 (2024) 第 010359 号

降雨入渗对黄土边坡稳定性的影响及生态护坡防治技术研究

JIANGYU RUSHEN DUI HUANGTU BIANPO WENDINGXING DE YINGXIANG JI
SHENGTAI HUPO FANGZHI JISHU YANJIU

出 版 人	刘文菁
出版发行	中国海洋大学出版社有限公司
社　　址	青岛市香港东路 23 号　　　邮政编码　266071
网　　址	http://pub.ouc.edu.cn
责任编辑	郑雪姣　　　　　　　　　电　　话　0532-85901092
电子邮箱	zhengxuejiao@ouc-press.com
图片统筹	河北优盛文化传播有限公司
装帧设计	河北优盛文化传播有限公司
印　　制	河北万卷印刷有限公司
版　　次	2024 年 1 月第 1 版
印　　次	2024 年 1 月第 1 次印刷
成品尺寸	170 mm×240 mm　　　　　印　张　11.75
字　　数	200 千　　　　　　　　　　印　数　1～1000
定　　价	68.00 元
订购电话	0532-82032573（传真）　18133833353

发现印刷质量问题，请致电 18133833353 进行调换。

前　言

　　地球上黄土和类似黄土的地区总面积约为 1 300 万 km²，沉积物约占地球表面的 10%。黄土高原覆盖着深厚的黄土层，厚度达 200 m 以上，黄土的典型特点是干燥时强度较高、孔隙大、压缩性小、遇水后极易崩解且强度明显降低。黄土高原覆盖着深厚的黄土层，厚度达 200 m 以上。黄土高原是我国生态环境最为脆弱的地区之一，黄土高原生态环境脆弱，降雨集中，但地下水资源匮乏，导致滑坡与崩塌等地质灾害频繁发生。黄土特殊的结构性、湿陷性和水敏性等特征，使得在黄土地区土质边坡中，主要工程事故均与降雨和地表水入渗有关。如何有效防治降雨和地表水进入深层土壤，是防治黄土边坡灾害的主要研究方向之一。单一的生物措施在黄土边坡治理中，由于降雨的集中性，容易发生冲毁，导致效果不佳。而生物措施、工程措施与水土保持材料相结合的治理方法已经成为新趋势。生态型护坡技术应用于黄土边坡治理，可以通过工程措施进行排水，还可以利用根－改性土复合体的共同作用，提高边坡的稳定性，防止边坡事故的发生，同时能实现植物和动物的生长，达到改善景观和完善生态环境的功能。本书以董志塬小崾岘沟坡为研究对象，综合野外调查、室内土工试验、室内模拟试验和仿真分析等方法，首先对黄土边坡降雨入渗规律进行了分析，结合研究成果以土体孔压和位移为因变量，分析了降雨条件下黄土边坡的稳定性影响因素。其次，结合室内试验，分析了抗疏力固化剂作为土壤固化剂形成抗疏力改性土的物理力学性质和微观结构特征，分析了抗疏力固化土的加固机理。再次开展不同因素条件下（配比及草种）的改性土植草试验，提出抗疏力生态固化剂生态护坡关键技术指标。最后通过数值模拟方法，分析了抗疏力生态改性土与生物措施共同作用的生态护坡技术对黄土边坡的固坡效果。本书取得了以下几点创新性的成果：

（1）黄土在进行渗流分析时，其流动规律依然符合达西定律。基于黄土入渗饱和－非饱和分层假定，考虑入渗过程中土体实际渗透系数随深度的变化，通过测量累积入渗量和含水率的时变规律，并结合PHilip模型与Green-Ampt模型的相关关系及实际渗透系数随时间的变化关系获取模型参数。

（2）黄土压缩性和湿陷性在用抗疏力固化剂加固后显著降低。抗疏力固化剂在较低的含量比下能快速提高黏聚力。当固化剂含量为1.66%时，摩擦角增大，然后随着固化剂含量的增加，只显示一个小的变化。压汞试验结果显示，随着抗疏力固化剂含量的增加，固化土的累积孔隙体积减小，集料间的空隙率增大孔隙变为团聚体内孔隙，粒间孔隙略有增加，峰值因为所有的毛孔都减少了。

（3）通过模拟人工降雨装置，对降雨条件下黄土边坡的入渗特性进行了研究。设定降雨条件，通过埋设在坡体内的传感器对边坡降雨过程中的含水量、孔隙水压力进行测定。在均匀降雨条件下，随着降雨历时的增加，总体表现为坡顶的入渗速率最快、坡脚次之、坡中最小。对边坡不同降雨历时的坡顶、坡中和坡脚的孔隙水压力的试验结果与数值模拟结果进行了验证，结果吻合度较好。

（3）以降雨强度、降雨持时、降雨雨型、渗透系数等为因素研究了降雨入渗作用下不同坡度的边坡孔压和位移的变化规律。对于不同坡度而言，降雨持时的增加会加大边坡失稳破坏的风险。当降雨量相同时，降雨持时和降雨强度对边坡位移和孔压的发展存在影响，并且随着边坡坡度的变化而变化。当降雨量较小时，降雨强度影响较大，当降雨量变大时，降雨持时占主要影响。对于坡度为30°、45°和60°的边坡，分别在均匀型雨型工况、后峰型工况和中峰型工况下边坡位移和孔压最大。

渗透系数直接影响到边坡的基底吸力、降雨入渗快慢。

（4）后峰型和均匀型降雨随着降雨时间的增加，边坡的位移和孔压也随之增加，而中峰型和不均匀型等降雨后期降雨强度减小，边坡的孔隙水压快速消散，导致边坡的位移和孔压响应发生在降雨过程中。间歇性降雨会导致边坡参考点孔压和位移的累积效应。当连续降雨量相同，降雨间隔时间越短，边坡参考点孔压和位移的累积效应就越明显，相比于未考虑间歇性降雨，参考点的孔压、位移均有一定的增加，会降低边坡的稳定性。

（5）抗疏力固化剂为生态性固化剂，由其所形成的基质层，重金属指标在农田使用的要求范围内。固化土在配合比为 0.86% 时，其生物量检测均表现出良好的反应。在固化剂添加量为 0.86% 的配合比下，其抗剪强度比素土提高 60% 左右，能有效减少黄土的侵蚀和降低浅层边坡的稳定性。通过现场的工程应用，固化土植草在黄土边坡的应用是可行的，其水土保持的效益明显，可以作为黄土边坡治理的一种新思路。

本书由杨永东在长安大学攻读博士学位的学位论文整理而成，是各种研究成果的归纳和总结，本书的整理也得到了刘永德的协助。还要感谢平凉市水土保持科学研究所王安民高工在本书编著过程中提供的帮助。同时感谢甘肃省教育厅产业支撑计划项目（基金号：2022CYZC-65）和陇东学院博士科研启动基金项目（项目编号：XYBYZK2309）对本书的资金支持。此外，由于作者的水平有限，书中难免存在不足，恳请广大读者不吝赐教。

作者

2023 年 1 月

目　录

第1章　黄土边坡稳定性及生态护坡技术的研究进展

　　黄土是距今约 200 万年的第四纪时期形成的土状堆积物。全世界黄土分布的总面积大约有 1 300 万 km²。我国的黄土分布，西起甘肃祁连山脉的东端，东至山西、河南、河北交接处的太行山脉，南抵陕西秦岭，北到长城，包括陕西、山西、宁夏、甘肃、青海等五个省区的 220 多个县市，面积达 64 万 km²，占全国土地面积的 6%。黄土高原是世界上黄土覆盖面积最大的地区，其地处中国中部偏北，北纬 34°～41°，东经 98°～114°，其面积约 64 万 km²，包括太行山以西、乌鞘岭以东、秦岭以北、长城以南的广大地区。黄土高原位于中国第二级阶梯上，海拔 1 500～2 000 m，跨山西、陕西、甘肃、青海、宁夏、内蒙古等省自治区，厚度达到 200 m 以上。黄土高原是黄河中游的核心地区，长期以来一直是人与自然相互作用的关键区域，也是我国水土流失最为严重、生态环境最为脆弱、地质灾害最为频发的地区之一。

　　董志塬位于甘肃省东部，介于东经 106°45′～108°45′、北纬 35°15′～37°10′，属黄河中游黄土高原沟壑区，是陇东黄土高原的主要组成部分。由于黄土高原被河流、洪水剥蚀切割，形成了高原、沟壑、梁峁、河谷、平川、山峦、斜坡兼有的地形地貌。

　　由于该地区的植被较为稀疏，雨水多集中在夏季，且多为暴雨，在雨水的冲刷侵蚀作用下，黄土地面冲刷侵蚀现象严重，逐渐形成沟壑交错的塬、墚、峁等典型地质现象。该地区绝大多数耕地、工程建设均分布在斜坡上。特殊的地质、地貌和气候条件赋予了黄土高原独特的自然地理特征，使该区素以强烈的土壤侵蚀作用、严重的水土流失和各类频繁的地质滑坡灾害而著称，目前已成为我国水土流失最为严重、地质滑坡灾害频发、生态环境问题较为突出的地区之一。以调查的小崾岘沟为例，沟内存在多个可能的滑坡点和不稳定斜坡。其坡高为 48～100 m，坡角为 30°～80°。区域内降雨年际分布不均匀，降雨集中在 7～9 月，有记录的最大降雨量为 179.8 mm。

黄土特殊的结构性、湿陷性和水敏性等特征，使在黄土地区土质边坡中，主要工程事故均与降雨和地表水入渗有关。加之长期以来人类频繁的生产活动，尤其近 20 年来石油和煤炭资源的开采及城镇、基础设施的兴建，山地、丘陵、黄土高原存在大量裸露坡面，使原本脆弱的生态环境遭到严重破坏，水土流失极其严重并日趋剧烈，造成新的水土流失源和地质灾害隐患，加剧了人类生存环境的恶化和生态系统的退化。如何有效防治降雨和地表水渗入深层土壤，是防治黄土边坡灾害的主要研究方向之一。

基于此，本书在调查研究区地质水文的基础上，研究了黄土和改性土工程性质，进一步讨论了相同降雨条件下不同坡度的黄土稳定影响因素；针对当地降雨的局部性、间歇性的特点，研究了降雨类型和间歇性对黄土边坡稳定性的影响。结合植被护坡的边坡治理措施，利用抗疏力固化剂（包括液剂 C444 和粉剂 SD）作为土壤固化剂形成抗疏力固化土，并对固化土植草在黄土边坡防治技术上的应用进行了研究、评估和分析。

1.1 非饱和黄土力学特性的研究

1.1.1 黄土抗剪特性的研究

抗剪强度参数与含水率之间的函数关系能客观地反映土体因环境改变而表现不同的强度特征。孙明祥[1] 以铜川某工程项目为研究对象，研究了不同深度下黄土抗剪强度特征。结果表明，土体的抗剪强度以及抗剪强度参数随含水率呈现一定的规律性变化，黏聚力和内摩擦角均随含水率的增大而减小，只是不同深度下呈线性或非线性减小。抗剪强度参数与含水率之间的关系可以拟合为函数关系，不同深度下函数减小趋势相近。王宏宇[2]对不同压实条件的黄土抗剪强度进行了研究，在击实能一定时，含水量的大小影响黄土的抗剪参数，随着含水量的增加，击实黄土的内摩擦角和黏聚力均急剧下降。蔡国庆等[3]对不同含水率、不同干密度的非饱和黄土试样进行直剪试验，以研究非饱和黄土的抗剪强度，随着含水率的增加，土的抗剪强度降低，含水率的增加降低了土的黏聚力，也降低了内摩擦角，但对内摩擦角的影响较小。谢定义等[4]认为，土结构性是决定各类土力学特性的一个最为根本的内在因素，它的出现将会和粒度、密度、湿度等指标一起完整描述土的物理本质。王腾等[5]为了揭示黄土塬地区非饱和原状及重塑黄土的结构性强度特性的有关规律，完善非饱和土的非线性模型，获得关于黄土塬地区非饱和黄土的变形和强度特性及相关参数，以陇东 Q3 原状及重塑黄土为对象开展试验研究，对不同初始吸力及不同净围压下的非饱和黄土进行了三轴固结排水剪切试验，研究了黄土塬地区非饱和原状及重塑黄土的变形特性、临界状态、强度参数及吸力变化特性。由于黄土分布区域较广，其成分不尽相同，所表现工程性质随区域分布不同有所差异。黄土具有的区域性特点，其力学性质具有差异性，在工程建设中，还需以实际工程场地为研究对象，开展黄土相关力学性质的研究。

1.1.2 黄土的渗透特性的研究

渗透特性在针对湿陷性黄土的相关研究领域里一直是重点之一，尤其是改革开放以来，伴随着国家大力发展西部经济和西部大开发战略的推进等，在湿陷性黄土的渗透特性研究方面已做了很多工作。建筑、冶金、交通和电力部门进行了大量黄土现场浸水试验，积累了许多宝贵资料。杨雪强等[6]针对庆阳黄土，在变水头渗透试验中发现，黄土和红黏土的饱和渗透系数均会随着孔隙比的增大而逐渐增大，随着干密度增大而逐渐减小，黄土的饱和渗透系数与孔隙比呈指数关系，随孔隙比增大而增大。任晓虎等[7]通过室内土柱渗透试验研究了反复入渗对甘肃黑方台黄土渗透特性的影响，并研究了渗透作用下黄土中细颗粒运移的规律与模式。研究指出在渗流力的作用下，存在着细颗粒沿渗流方向运移的现象，并且在土柱中上部细颗粒聚集量最多，细颗粒运移的现象最为明显。张风亮等[8]通过实验室加工的办法来模拟黄土中的垂直节理，以变水头渗透试验为手段，对有节理黄土进行渗透试验。研究指出达西定理在分析低水力梯度的节理渗流问题时是适用的，可以用来分析黄土节理的渗流问题，对节理黄土进行变水头试验，从而利用瞬时达西定理求渗透系数也是可行的。袁克阔等[9]对压实黄土进行了不同初始状态下的三轴渗透试验，研究指出：压实黄土的渗透系数随干密度的增大而减小，随围压的增大而减小。压实黄土水分初始入渗速率随压实度和围压增大而减小。

1.1.3 非饱和黄土土水特征的研究

工程中使用的黄土材料大多处于非饱和状态。非饱和黄土独特的固液气状态使其力学性质相对复杂。土壤水分特征曲线（SWCC）描述了非饱和土中体积含水量（或有效饱和度）与压力水头（或基质吸力）之间的关系。非饱和土体的强度特性和渗透特性与 SWCC 密切相关。李萍等[10]以陇东高原马兰黄土为试验对象，采用张力计法测定原状土样的土－水特征曲线，并对 Gardner 模型、Fredlund & Xing 模型和 Childs & Collis-Geroge 模型进行了数据拟合，得到非饱和黄土渗透系数与基质吸力或含水率的关系。许淑珍等[11]通过室内一维土柱入渗试验得到的数据，利用 MATLAB 拟合压实黄土土水特征曲线。王娟娟等[12]通过对增（减）湿到相同含水率及相同干密度的不同结构性非饱和压实黄土进行土水特征曲线试验和三轴剪切试验。研究制样了含水率引起的结构变化对非饱和压实黄土基质吸力、应力－应变特征及结构性参数的影响。

1.2 改性黄土工程特性研究

黄土物理改性包括对黄土本身的结构和性能进行改性和掺加外部改性材料对黄土进行改良。20 世纪初，一些经济发达国家由于新建道路、港口、机场等工程的需要，采用石灰、水泥，对土壤改良，建设初期取得了较好的效果。Alsafi 等 [13] 研究了粉煤灰固化剂在处理含石膏土壤的湿陷性时，硫酸对固化土的影响效果。Etim 等 [14] 在黑棉土中加入 8% 石灰和 10% 铁尾矿的固化剂做了试验研究。Nasiri 等 [15] 探讨了稻壳灰（RHA）作为林区道路基层的稳定剂对减少水土流失和地表径流速度的影响。

我国对改良土展开系统研究和工程推广，最早由公路及铁路部门于 20 世纪五六十年代开始的。20 世纪 70 年代，张登良 [16] 分析了黏土胶体颗粒的基本性质，把加固土的基本结构分为凝聚结构和结晶缩合结构两种类型，提出了加固土反应的基本过程。王栋 [17] 以京沪高速铁路路基填料为研究对象，总结出了不同工况对应的固化剂类型。杨梅 [18] 将不同比例的石灰掺入土中，得出石灰固化黄土在土的渗水性及压缩性方面效果显著。王妍 [19] 提出石灰最优掺和比为 6%，对于不同工程采用石灰掺和比也不同，不同掺和比的石灰改性黄土龄期不同，掺和比大的养护龄期长。王毅敏等 [20] 将普通硅酸盐水泥以不同比例掺入黄土，通过试验发现在 5% 的掺量时长期强度高于短期强度。赵少强等 [21] 将 10%、15%、20% 的粉煤灰掺入黄土，得出养护时间越长，无侧限抗压强度越高。王峻等 [22] 提出粉煤灰改性黄土的最佳含量为 15% ～ 20%，并分析了不同粉煤灰掺量下的震陷特性，建立了黄土的震陷曲线方程，得到了粉煤灰掺量与残余应变的定量关系。吕擎峰等 [23] 用改性后的水玻璃加固黄土，研究了掺入石灰和粉煤灰提高其固化强度，并提出水玻璃改性黄土随着冻融循环次数增加，水玻璃改性黄土的强度会下降。高立成 [24] 研究发现，SH 固化剂改性黄土的力学性质优于水泥、石灰改性黄土，随着固化剂配合比的不同，改性黄土的强度也发生变化。王银梅等[25]对 SH 固化剂和水泥对黄土改良，提出两种固化剂配比适宜度为10%。侯浩波等[26]通过室内试验和对工程的应用，分析探讨了 HAS 土壤固化剂的适用性。付晓敦等[27]对路邦 EN-1 型土壤固化剂固化土的工程性质进行了试验研究，证明其可以显著降低路基弯沉、提高路基回弹模量、提高路基密实度，增强路基的承载能力，并显著改善路基的水稳性。张虎元等[28,29]用制备了不同配比抗疏力固化剂改性黄土，得出2.5% 配比的抗疏力固化剂改性黄土的斥水性优于其他固化剂改性黄土，并从不同的角度研究了固化土的固土效果及机理。刘万锋等[30]通过对庆阳黄土进行研究，得出抗疏力固化剂改性黄土的最优配比。

近年来提出的一些具有应用前景的黄土改性处理方法中，大部分研究主要针对改性机制、物理力学特性和掺合比对改性黄土抗剪强度等的影响，而对改性配比对不同成分和结构性黄土的适用性以及改性黄土处理施工精细化控制等方面鲜有涉及，而且在应用方面主要集中在道路工程中，对于改性黄土灾害防治方面的研究较少。

1.3 降雨入渗条件下黄土边坡的失稳机理研究

经典岩土力学的理论基本上是在土体饱和的前提下构建的。1931年，Richards[31]将达西的线性渗流理论推广应用到非饱和渗流中，建立了 Richards 方程。1973 年，Neuma[32]提出了把饱和和非饱和状态进行统一考虑，连续求解的数值解法，在非饱和渗流计算方面得到了学术界的认可。此后，大多数学者都围绕这一方法开展研究。Narasimhan 等[33]和Yang[34]提出了求解多孔介质中饱和－非饱和渗流的有限差分法，用于线性和非线性流体在非均匀多孔介质的流动问题。Herrada 等[35]基于一维Richard 方程分析了非饱和土入渗条件下的数值模型。Vanapalli 等[36]通过对不同级配、不同含土量和不同塑形指数的三种非饱和黄土剪切强度的比较，分析了不同土壤参数对非饱和黄土强度的影响。苏立海等[37]依托兰州和平镇大厚度自重湿陷性黄土场地上的大型原位浸水试验，分析 TDR 水分计实时记录的体积含水率变化数据，研究大厚度自重湿陷性黄土场地水分运移规律。徐学选等[38]在黄土高原塬区的长武试验站，采用大型土柱监测天然降雨补给下土柱底部下渗量的变异。提出降雨补给增大时，大孔隙贯通性增强；土柱越深，贯通性变差。顾慰祖等[39]利用示踪剂对实验集水区降雨和地面、地下径流的响应关系进行了研究。研究发现，这些产流方式仅有少数遵循非饱和的达西定律，黄土区各类水体的循环转化中土壤水下渗补给实质上是一种非饱和运动的活塞流和多种形式的优先流的混合流。张辉等[40]对非饱和原状黄土经历冻融循环后强度的变化规律进行研究，结果表明同一含水率下黏聚力随冻融循环次数的增加呈指数减小。随着冻结温度的降低，黏聚力变化并不明显，内摩擦角在冻融循环后增加。

干旱－半干旱黄土地区的边坡在雨季将受到雨水的入渗作用，从而导致边坡失稳。这些边坡的土质大多属于非饱和土，非饱和土中基质吸力将会增加土体的抗剪强度，使边坡更加稳固。雨水入渗将减小土体基质吸力，从而减小土体的抗剪强度。Alonso 等[41]考虑了边坡土体类型、土水特征曲线、降雨持续时间和入渗强度等对雨水入渗条件下边坡的稳定性。Sun 等[42]认为空气压力对非饱和土的渗流有明显的影响，发展了应力和两相流的耦合理论，并用于分析降雨引起土坡的浅层破坏。Fourie[43]以南非北方地区的路堤破坏为例，探讨了水分入渗条件下的浅层边坡失稳机理，并提出了考虑降雨强度、持续时间和降雨周期对条件下浸润临界面的预测方法。Bordoni 等[44]通过研究孔隙水压力和土壤含水量等不饱和土壤的水文特性，分析了水力要素对浅层滑坡的影响。结果表明，在降雨频繁的条件下，土体的失稳机理是由于土体的孔隙水压力导致土壤黏聚力的消失导致的。李国荣[45]，贾洪彪等[46]研究了降水条件下边坡稳定性的问题。曾铃等[47]提出一种基于饱和－非饱和渗流及非饱和抗剪强度理论的路堤边坡稳定性分析方法。李涛[48]

基于厚覆盖层边坡失稳机理，结合广西桂林－北海高速公路某覆盖层路堑边坡实地情况，设计雨型相同但降雨量不同的 3 种方案，采用有限元计算软件对考虑降雨及开挖影响下的厚覆盖层边坡渗流特征及稳定性进行研究。刘博等 [49] 结合黄土边坡裂隙法和非饱和土渗流理论，建立边坡破坏模型，推导出裂隙发育的黄土边坡在渗流力作用下的稳定性系数计算公式。李俊业等 [50] 基于三峡水库的库水位调度方案与实测月的降雨资料，分 3 种工况以极限平衡原理和 Morgensterm-Price 条分法为基础对重庆奉节鹤峰乡场镇滑坡进行了瞬态稳定性分析，研究了水分在坡体内的运移对边坡稳定性的时间影响效应。陈勇等 [51] 基于流固理论和 Abaqus 中耦合模型的建立，对三峡库区某滑坡在 5 种工况下的稳定性进行了分析。结果表明，降雨入渗比库水位变动对滑坡稳定性影响大。荆周宝等 [52] 基于 Abaqus 分析软件，考虑了流固耦合和土水特征曲线，结合一典型非饱和土质边坡算例，对土坡受降雨入渗的影响进行了有限元数值模拟研究，得出了非饱和土质边坡基质吸力、饱和度、变形和稳定性受降雨影响的变化特征规律。

由此可见，进行边坡稳定分析时，降水入渗始终是边坡失稳的主要影响因素，在此方面的研究较多。在研究方法上，通常结合室内试验和仿真分析的思路。

1.4 降雨类型及间歇性对黄土边坡稳定性的分析与研究

随着我国经济的高速发展，工程安全问题越来越得到重视，在交通、水利、矿山运行生产过程中，边坡工程稳定性问题成为相关行业的重中之重，边坡失稳的治理与防护更是安全生产面临的重大问题，其中降雨是影响边坡稳定性的重要因素之一。在山岭重丘区开展工程建设难以避免会形成大量土质边坡，一旦发生滑坡事故，会对人们的生产、生活造成严重影响，甚至危及生命财产安全。我国由降雨引起的滑坡事故较多，占总滑坡数量的 90%，如南江县浅层土质滑坡、三峡大树场镇堆积层滑坡等。2011年9月，强降雨导致四川南江县数以千计的缓倾浅层土质滑坡，对当地房屋和良田造成严重的损坏，造成重大经济损失。2018年11月，降雨诱发重庆头渡镇缓倾滑坡，对在建工程和当地居户的生活安全构成严重的威胁。降雨入渗或地下水位变动所引起的土体重度增加、抗剪强度降低以及孔隙水压力提高是导致土质边坡稳定性下降的最主要因素。对此，众多学者从不同角度开展了大量研究，并得到了许多有益的结论。在试验研究方面，石振明等[53]设计了大型边坡模型以及配套降雨系统，对堆积层边坡滑移机制进行了研究，认为降雨所引起的土体内部孔隙水压力升高是导致边坡失稳的重要原因。高华喜和殷坤龙[54]研究了深圳市降雨与滑坡灾害历史资料，结果表明，滑坡与1-4d强降雨及短期的累计降雨呈高度相关，并由此建立了日降雨量与有效累积雨量的滑坡预警基准。Keefer等[55]和Yu等[56]基于实际工程及当地暴雨情况，分析降雨致使边坡失稳的过程和机理，建立暴雨-边坡安全预警系统。在数值计算分析方面，田东方等[57]以Richard方程为基础，修正了降雨入渗边界，实现了考虑径流补给的降雨入渗简化数值模拟方法。汪丁建等[58]基于Green-Ampt模型，推导了一种滑坡降雨入渗函数，更为理想地描述了湿润锋的扩展过程。Cuomo等[59]对不同土-水特征曲线的土体进行渗流模拟，得到土-水特征曲线会对边坡内部的渗流过程产生明显影响。Rahardjo等[60]在2001年做了针对前期降雨对边坡稳定影响的研究，采用数值模型模拟新加坡理工大学校园降雨入渗情况，并与该校园的实地钻探资料做对比，指出连续性降雨或间歇性连续降雨更易造成边坡稳定性下降。Yeh等[61]研究了非饱和土降雨入渗量对边坡稳定的影响。结果表明，降雨的初始入渗易使边坡发生滑动破坏，并提出降雨入渗会使边坡中的孔隙水压上升，抗剪强度降低，从而引发边坡滑动。Dahal等[62]基于有限元法对边坡稳定进行分析，通过收集实地地质与地形数据资料，将模拟结果与实地钻探的资料比对，研究表明，土壤性质、当地水文条件及人为开发是影响边坡稳定性的主要因素。Rahimi 等 [63] 通过数值模拟前期降雨及不同降雨类型对边坡稳定的影响，指出在降雨事件中雨强峰值对边坡稳定性影响较大。Regmi等 [64,65] 对缓倾坡体的破坏特征进行了物理模型试验，结果表明，降雨强度、滑动起始时间和坡脚滑移位置之间存在一定的规律。Tohari 等 [66] 对模型边坡做了多组降雨物理模型试验，结果表明，当坡体局部饱和时，坡体将在饱和区发生局部失稳。Rahardjo 等 [67] 研究发现，边坡稳定性和孔隙水压对前期降雨的敏感性较强且影响周期较长。

随着降雨入渗使边坡体沿坡面线附近土体不断趋于饱和，非饱和区基质吸力降低，土体抗剪强度降低，指向坡外的渗流力加剧了边坡的下滑趋势，导致边坡失稳破坏。降雨条件下影响边坡稳定性的因素有雨强、降雨雨型、降雨历时、降雨量等。然而，以上大部分降雨对边坡稳定性的研究，因缺乏详细的降雨资料，降雨类型一般假设成均匀型，降雨类型对边坡稳定性影响的研究相对较少，因此分析降雨类型对边坡稳定性的影响，对客观评价各类工程边坡具有重要意义。同时，很多边坡都是由于间歇性的连续降雨遭到破坏，如位于四川洛带古镇东南侧的樱桃沟滑坡，3 年内发生了 2 次滑动，2015 年 6 月受多次暴雨影响触发首次滑动，造成坡体后缘截洪沟部分错位，沿坡向移动 3 ～ 4 m；坡脚混凝土道路局部向污泥库方向移动 4 m，隆起 2 ～ 3 m；边坡中、后部出现多处横向张拉裂缝，经过坡脚回填、削坡减载等治理，边坡逐渐稳定。2018 年 6 月受多次暴雨影响，坡体发生蠕变滑移，坡表及截洪沟出现大量张拉裂缝，降雨间歇期坡体发生分级滑动，且滑移体量较第 1 次均有所增加。朱元甲等 [68] 为研究间歇型降雨作用下缓倾堆积层斜坡的变形破坏特征，进行了降雨作用下斜坡变形破坏的物理模拟试验研究。结果表明，前期降雨作用下坡体变形特征表现为前缘滑移沉陷、中部滑移、后缘沉陷、坡体裂缝生成，且前缘裂缝扩张明显，后期降雨作用下坡脚区域首先发生滑塌，然后依次向后缘传递发生逐阶滑塌破坏。

地下水对边坡稳定性有着重要影响，90% 以上的边坡失稳破坏与地下水活动有直接关系。地下水对边坡稳定性的影响主要表现在两个方面：一是地下水对边坡岩土体的物理化学作用使潜在滑动面强度产生弱化作用；二是地下水对边坡的力学作用，包括孔隙水压力（静水压力）和渗透压力作用。2003 年 7 月，发生在湖北省秭归县的千将坪高速滑坡，滑坡方量达 $3×10^7 m^3$，死亡 24 人，摧毁大量房屋、农田及渔船，给当地带来了巨大的经济损失，其直接原因之一在于三峡水库二期蓄水后库水位上升后，坡体产生孔隙水压力及滑动面强度参数弱化，导致边坡稳定性降低。水位的变化成为影响边坡稳定性的主要因素，水位上升导致坡体浸水体积增加，滑面上的有效应力减小或者抗滑阻力减小，甚至部分滑带饱水后抗剪强度降低。当水位骤然下降时，水的渗流引起岩土自重和应力的改变，对土颗粒产生动水力。同时，水流对边坡坡脚的侵蚀和水流的冲击作用，加剧了路基边坡的破坏。

综上所述，多数降雨滑坡研究中考虑了滑动机制、变形特征和降雨类型，但鲜有研究降雨的间歇性对边坡变形破坏特征的影响。为了减少间歇型降雨对居民和已建工程的安全威胁，有必要开展间歇型降雨诱发缓倾堆积层滑坡灾害的研究，并进一步分析地下水位的变化对边坡的位移和孔压的影响。

1.5 黄土边坡加固措施研究

在我国，随着基础建设热潮的进行，边坡工程也取得了长足的发展，一些新兴的边坡防护技术与新型支挡结构不断涌现，边坡的防护与加固已经成为边坡设计的必要内容。在工程中，坡积土边坡的防护与加固一般采用弃土和支挡两大传统手段。但是弃土会给生态环境带来很大的威胁，支挡会耗费大量的人力、物力、财力，与周围环境也不协调。为此，根据坡积土边坡实例，主要从排水工程和加固工程两方面来研究坡积土边坡的防护与加固措施。

1.5.1 边坡防护与加固的原则

在边坡加固设计中，往往通过合理的坡形坡率设计，以及适当的排水工程以及防护加固措施来防止滑坡，同时考虑边坡与周围环境的协调，兼顾绿化与美化。一般遵循"因地制宜、经济适用、环保美观"的原则。

挡土墙：挡土墙是通过支撑路基填土约束其变形、维持稳定的支挡结构物。

根据作用机理的不同，主要有重力式挡土墙、悬臂式挡土墙、扶壁式挡墙、锚定式挡土墙、加筋挡土墙。

格构加固：格构加固主要是指在人工开挖的软质边坡上用毛石、卵石、空心砖等浆砌或者干砌形成框架结构，通常在格构结点处安装锚杆或者锚索以使坡体稳定，在格构框架内植花种草，以使边坡美观。在降雨量大的地区，有时在格构下方设置盲沟，用来拦截、疏干坡面渗入的雨水或者出露的地下水。边坡格构防护具有形式多样、布置灵活、效果良好、环境美观等特点。一般适用于坡度较陡（小于 1∶0.75）的土质和全风化岩质边坡。

1.5.2 生物工程加固方法

随着人类文明的进步，人类对大自然的利用、改造幅度不断增大，对大自然的破坏程度也深之又深，与此同时，生态恢复成为举世瞩目的话题，生态护坡应运而生。生态护坡较早称为坡面生态工程（Slope Eco-engineering，简称 SEE）又称生物工程（Bioengineering），指以环境保护和工程建设为目的的生物控制或生物建造工程，也指利用植被进行坡面保护和侵蚀控制的途径与手段，因此生态护坡又被直观称为植被护坡、植被固坡。植被护坡的应用在发达国家有很长的历史。中世纪，法国、瑞士将栽植柳树用于河堤护岸。1633 年，日本最初采用铺草皮、栽植树苗的方法治理荒山；20年后，在群山播种松树类种子的方法也应用于日本荒山治理。1979年，Wu等[69]经过试验研究发现土体中根系受剪时的破坏规律，并结合Mohr-Coulomb模型提出了垂直根模型，即Wu和Waldron模型，可用于定量计算植物根系的固土效果。随着研究的进一步发展，Pollen等[70]发现应用Wu和Waldron模型计算出的根系对土壤强度提高值是实测值的6.4～14.3倍，从而影响了该模型的应用，并在随后的研究中针对该模型的不足之处进行改进，提出了基于根系渐进破坏理论的FBM模型。Sotir等[71]与Gray[72]分别就树根对土壤影响范围和树根抗拉强度与直径关系进行研究，建立了用于分析土层表层范围树根作用的无限边坡模型，并得出了树木须根较主根对提高土壤抗剪强度起到更主要作用的结论，这为后来的较陡边坡植被护坡方法中草本植物固坡作用的研究提供了理论基础。2009年，周云艳等[73]把植生层看作复合材料，将岩土体作为基相材料，植物根系作为增强相材料，应用能量原理，研究了根系纤维对复合土体的阻裂增强作用，得出根土复合体中某点的抗剪强度增量的计算公式及该点处根系抗拔力和最大拔出长度的计算公式，分析出某点抗剪强度的影响因素。

土壤和水生物工程体现了人类利用自然系统和要素来确保土地使用的安全性和功能性的需要。土壤生物工程技术在世界范围内得到了广泛的应用，并在包括边坡稳定在内的不同领域得到了广泛的应用。在任何情况下，本地（本地）和特定地点的植物都是首选，因为它们适应当地的生态条件，并避免引入入侵物种或外来品种的风险以及相关的生物遗传污染风险。与传统建筑材料（如木材、钢材、石材和混凝土）相关的多种信息相比，每种植物都是一个活的有机体，因对其环境的反应不同，对不同环境的反应也不同。因此，在给定环境条件下收集的信息不一定适合推广到其他环境中。植物在边坡稳定中工作的一个关键方面是根系及其拉伸和剪切强度以及它们的发育模式（板根、心根、直根）和它们对不同类型土壤或基质的反应。陈鹏[74]以旱柳活枝条为实验材料，在人工边坡上设置扦插、灌丛垫、层栽与梢捆四种土壤生物工程措施，从复合体抗剪强度、边坡稳定性等方面进行了分析。结果表明，生物工程措施治理边坡效果明显。陈飞等[75]针对离子型稀土矿山原地浸矿开采方式容易诱导滑坡的特点，提出一种以竹子为主要材料，由竹子格构框架，竹桩和竹子排水管共同组成的生态护坡结构。何旭东等[76]首次在贵州省都匀市七星棚户区安置房边坡（二期）生态修复项目中应用加筋麦克垫技术，并对其原理、施工工法及效果进行详细探究。南娟[77]针对马莲河流域特性进行研究，对常用的几种护坡材料进行分析比选，推荐选用生态格网护坡材料；并根据治理段河道水流特性、地形地质条件的不同，分段采用不同护坡方案。蒋希雁等[78]为探究植物根系对土体抗剪强度的影响，采用常规三轴不固结不排水试验，测定不同含根量、含水率对重塑粉质黏土抗剪指标的影响。马艺坤[79]选择沙棘植物根系为研究对象，探讨其固土护坡的效应及机理，并基于野外试验与室内试验相结合，对试验数据进行分析处理，探讨沙棘根系形态分布特征、单根抗拉特性、根－土复合体抗剪特性及其主要影响因素。王岩等[80]采用FLAC3D为数值模拟计算工具，通过采用强度折减法对边坡的稳定性进行模拟计算，最终得出白云东矿由于地层多为白云岩或长石板岩，岩性较为坚硬，纵然边坡角度达到45°，其边坡安全系数仍然达到2.5以上，说明不具备大面积滑坡等风险；但是考虑岩石的蠕变以及岩石风化等降雨因素，他们决定采用植物群落固坡实现边坡的稳定与安全。刘秀萍[81]分析了水平、垂直、复合加根方式对根－土复合体应力应变关系的影响，运用有限元方法，模拟了根－土复合体的应力场、位移场，分析了造林、树种、造林密度、边坡形态和降雨护坡的设计首先应满足岸坡稳定的要求。

植被护坡应用还处于定性和经验发展阶段，理论研究落后于工程实践，随着植被护坡的不断推广应用，植被固土护坡的定量作用研究成为很迫切的研究课题。

1.6 土壤固化剂在边坡稳定与场地恢复中的应用

土壤固化剂能够改良土壤结构，提高土体强度和耐久性，兼具高效、经济、生态、环保的特点，成为水土保持固结材料的研究热点。土壤固化剂尤其是高分子类土壤固化剂必将推动水土保持技术的进一步发展。生物措施、工程措施与水土保持材料相结合的多元治理模式成为一种新趋势，综合运用化学固结与生物防治方法成为防治水土流失的有效手段。潘湘辉等[82]提出由于土壤分布的区域性和不同区域土体性质的特殊性，不同种类的土壤固化剂对土壤的加固效果不同，因而在实际应用时，应根据土壤固化剂的类型，结合土体性质，有针对性进行研究，以获得土壤固化剂对土体的最佳加固效果。Nasiri 等[15]探讨了稻壳灰（RHA）作为林区道路基层的稳定剂对减少水土流失和地表径流速度的影响。Rashid 等[83]研究了黄原胶作为一种环境友好型固化剂的可行性。张冠华等[84]阐述了土壤固化剂的类型特点、固化机理和固化性能，总结了土壤固化剂在水土保持中的应用现状，并指出其应用中存在的若干问题及研究方向。李昊等[85]在参考相关文献的基础上，综述了土壤固化剂的分类及其固化机理，总结了其国内外研究进展，介绍了其在防治水土流失中的应用，并对有机高分子类土壤固化材料在防治水土流失中的研究进展进行了重点阐述。单志杰等[86]研究了 EN-1 固化剂对黄土边坡土壤水分有效性、入渗性、结构性、抗崩性、抗蚀性和抗冲刷性等的影响，阐明了 EN-1 固化剂对边坡土壤的加固机理，认为 EN-1 固化剂对土壤抗蚀性的影响程度与固化剂掺量、土壤类型和土壤的取土层次有关。汪勇等[87]将 STW 型高分子固化剂应用于边坡固化，发现该固化剂能在边坡成膜，对于提高边坡稳定性具有积极作用，且边坡稳定性随固化剂浓度与加固深度的增加而增加。项伟等[88]使用 ISS 型有机类土壤固化剂对提高滑带土的抗剪强度进行了试验探索，发现 ISS 可改善滑带塑性指数、孔隙比、自由膨胀率，且其可改变土壤表层电层结构，提升表层土壤憎水性，有效提高边坡稳定系数。

抗疏力土壤固化剂是一种化学加固材料，在国际上得到了广泛的运用，改良效果明显，但在我国黄土地区运用较少。Seco 等[89]在西班牙北部黏土改良中发现，抗疏力固化剂改性土早期强度高，极少掺量便能达到其他固化材料较大掺量时的改良效果。Eren 等[90]在抗疏力固化剂改良意大利黏土研究中发现，添加抗疏力固化剂能够提高土的最优含水率、CBR 值，降低土的最大干密度、膨胀率、液塑限以及相对密度。张虎元等[29]采用抗疏力固化剂对重塑 Q3 黄土改性，室内开展水滴入渗试验、柔性壁渗透试验、收缩试验及压力膜仪脱水试验，分别探讨抗疏力固化剂掺量对黄土浸水渗透及失水能力的影响。尹磊等[91]为了将抗疏力固化剂的使用范围拓宽至道路基层，在由土、碎石、砂砾共同组成的基层材料中掺加不同含量的抗疏力剂，通过室内击实试验、不同龄期的无侧限抗压强度试验和抗弯拉强度试验测试其击实特性与力学性能。

目前，研究人员多将抗疏力土壤固化剂用作路堤材料、软土的稳定、道路底基层建设和其他岩土工程领域，很少有研究者致力于利用抗疏力材料稳定土质边坡。本书通过抗疏力固化土植草预实验、抗疏力固化土种植盒实验以及现场护坡实验对抗疏力固化剂护坡植草中的应用进行了研究，以期对本地区生态护坡提供新工艺和新思路。

第2章 研究区地质环境条件调查

2.1 地质环境条件调查

2.1.1 地理位置

陇东地区的庆阳市地处陕甘宁盆地，这里有我国目前保存最完整、面积最大的黄土塬——董志塬，黄土层厚度达 200～300 m，地下水位埋深在 60 m 以下，是陇东地区主要的建筑场地。黄土特殊的堆积环境形成了其特殊的结构，结构又控制了其特殊性质。西峰区隶属于甘肃省庆阳市，位于甘肃省东部、泾河上游，位于陇东黄土高原董志塬腹地，地理坐标为东经 107°27′42″～107°52′48″，北纬 35°25′55″～35°51′11″。北靠庆城县，南接宁县，西与镇原县毗邻，东与合水县相望，属陕、甘、宁三省区金三角地带，是庆阳市政治、经济、文化、交通和商贸流通中心，庆阳市党政机关所在地。研究区地处西峰城区南郊，距市中心约 10 km 处，北临西峰区城区，南靠宁县，西接镇原县。区内地貌属黄土塬及黄土残塬沟壑地貌，黄土塬被流水侵蚀切割得支离破碎，形成残塬、梁、峁和沟川等不同的地貌形态，地形高低起伏，沟深坡陡。

2.1.2 气象水文

1. 气象条件

西峰区属温带半湿润气候，境内全年光照充足，气温适宜，四季分明。据西峰气象站资料统计，工作区年平均气温 8.7℃，最高气温 35.7℃，最低气温 −22.6℃，平均无霜期 260 天。平均年降水量 563.0 mm，降水年际变化大，最大年降水量为 791.0 mm（1975 年），最小年降水量为 338.3 mm（1997 年）。降水集中于一年的 7 ~ 9 月，且常以大雨、暴雨的形式降落，大雨、暴雨均具有局限性和间歇性特点，占全年降水量的 55% ~ 70%。5 分钟最大降水量 30 mm，10 分钟最大降水量 40 mm，30 分钟最大降水量 55 mm，60 分钟最大降水量 85 mm，1966 年 7 月 26 日日最大降水量为 190.2 mm。年平均蒸发量 1 474.3 mm，为降水量的 2.62 倍。年平均相对湿度 65%。

2. 水文条件

西峰区属泾河一级支流马莲河西岸、蒲河东岸流域。西峰区黄土塬面高于河谷 300 m 左右，董志塬区无河流穿过，塬面东侧马莲河，西侧蒲河，北部有蔡家庙河沟和教子川切割，南部有泾河。降落到塬面上的水一部分渗入地下，形成地下水，一部分通过塬边沟壑汇入塬面东侧的马莲河和西侧的蒲河，长期的雨水侵蚀在塬边，形成大小不一的支沟，地表径流主要分布在附近的河流和支沟中。

地下水以大气降水补给为主，由于区内冲沟发育，地形切割强烈，植被稀少，降水大部分以地表径流排泄。补给量的多少，因各含水层所处的地貌单元及埋藏条件不同各有差异。第四系黄土孔隙含水层广泛分布于梁峁地带，大气降水是唯一的补给来源。水量小，地下水自分水岭处向沟谷方向径流，多于沟脑部位及沟底沟床附近以面状出水点或泉的形式渗出地表。

2.1.3 地形地貌

研究区地处陇东黄土高原腹地，区内地貌属黄土塬及黄土残塬沟壑地貌，黄土塬被流水侵蚀切割得支离破碎，形成残塬、梁、峁和沟川等不同的地貌形态，地形高低起伏，沟深坡陡。

黄土残塬沟壑：海拔为 1 200 ～ 1 315 m，受沟谷切割，工程区内形成由 NW-SE 向树枝状展布的沟谷，塬面与沟底高差在 80 ～ 115 m 之间。沟谷呈"V"型，两岸岸坡陡峭，坡度为 60° ～ 80°，总体呈东高西低。

黄土塬：地面高程 1 313 ～ 1 335 m，最大高差 22 m，地势较平坦开阔，以 3° ～ 5° 的坡度由东向西缓倾，上部覆盖大厚度黄土。

2.1.4 地层岩性

根据区域地质资料及现场勘探揭露，场地地层自上而下由第四系全新统黄土（Q_4^{ml}）、第四系上更新统马兰黄土（Q_3^{eol}）、第四系上更新统马兰黄土（Q_3^{el}）、第四系中更新统离石黄土（Q_2^{eol}）、第四系中更新统离石黄土（Q_2^{el}）及第四系下更新统午城黄土（Q_1^{eol}）组成，地层剖面图如表 2-1 所示。

①第四系上全新统黄土（Q_4^{ml}）：黄褐色，稍湿，坚硬，主要为黄土，为 2015 年为保护塬面不被侵蚀而进行分层压实回填，密实度较好，土质较均匀，主要分布在黄土沟上部 3#、4# 勘探点附近。湿陷系数介于 0.001 ～ 0.013 之间，湿陷系数 s = 0.004，不具湿陷性；压缩系数 a_{1-2} = 0.17MPa^{-1}，属中等压缩性土。

②第四系上更新统马兰黄土（Q_3^{eol}）：黄褐色，坚硬，虫孔、大孔发育，可见少量白色钙质薄膜，零星结核和云母片，偶见蜗牛壳，土质较均匀，主要分布在坡顶塬边。湿陷系数介于 0.021 ～ 0.097 之间，湿陷系数 s = 0.050，湿陷性中等；压缩系数 a_{1-2} = 0.31MPa^{-1}，属中等偏高压缩性土。

③第四系上更新统马兰黄土（Q_3^{el}）：红褐色，坚硬～硬塑，团块状结构，虫孔、大孔发育，可见大量白色条纹状钙质薄膜、少量结核和云母片，偶见蜗牛壳，底部钙质结核较多。湿陷系数介于 0.001 ～ 0.009 之间，湿陷系数 s = 0.006，不具湿陷性；压缩系数 a_{1-2} = 0.21MPa^{-1}，属中等压缩性土。

④第四系中更新统离石黄土（Q_2^{eol}）：褐黄色，坚硬，虫孔、大孔发育，可见少量白色钙质薄膜和零星结核、云母片，偶见蜗牛壳，土质均匀。湿陷系数介于 0.003 ～ 0.035 之间，湿陷系数 $s = 0.011$，局部具轻微湿陷性；压缩系数 a_{1-2}=0.21MPa^{-1}，属中等压缩性土。

⑤第四系中更新统离石黄土（Q_2^{el}）：红褐色，坚硬，团块状结构，虫孔、大孔发育，可见大量白色条纹状钙质薄膜、少量结核和云母片，偶见蜗牛壳，底部钙质结核较多。湿陷系数介于 0.005 ～ 0.006 之间，湿陷系数 $s = 0.006$，不具湿陷性；压缩系数 $a_{1-2} = 0.15$MPa^{-1}，属中等偏低压缩性土。

⑥第四系下更新统午城黄土（Q_1^{eol}）：该层为午城黄土，灰黄～深褐色，块状结构，土质较均匀，钙质结核发育，稍湿，坚硬，钻进困难。

表 2-1　研究区地层剖面图

层序	岩土名称	状态	厚度	柱状图	岩性描述
①	全新统黄土（Q_4^{ml}）	结构松散	0.4 m ～ 11.5 m		该层为杂填土和素填土，以粉质黏土为主，土质不均匀
②	上更新统马兰黄土（Q_3^{eol}）	稍湿	0.8 m ～ 9.4 m		该层为马兰黄土，浅黄色，偶见蜗牛壳，含白色钙质粉末及菌丝，发育大孔隙和垂直节理，均匀性较好，以马兰黄土为主
③	上更新统马兰黄土（Q_3^{el}）	硬塑～可塑	1.9 m ～ 3.6 m		该层为马兰黄土（古土壤），红褐色，大孔结构，含蜗牛壳及白色菌丝，均匀性较好

续表

层序	岩土名称	状态	厚度	柱状图	岩性描述
④	中更新统离石黄土（Q_2^{eol}）	稍湿，硬塑～可塑	16.9 m ～ 46.9 m		该层为离石黄土，灰黄～深褐色，块状结构，针孔发育，土质较均匀
⑤	中更新统离石黄土（Q_2^{el}）	硬塑～可塑	5.4 m ～ 10.0 m		该层为离石黄土（古土壤），灰黄～深褐色，块状结构，针孔发育，土质较均匀
⑥	下更新统午城黄土（Q_1^{eol}）	稍湿，坚硬	最大揭露厚度 5.0 m		该层为午城黄土，灰黄～深褐色，块状结构，土质较均匀，钙质结核发育

2.2 黄土的成分特征调查与分析

中国黄土的矿物成分已知约有 60 多种，其中以石英（约占黄土矿物总质量的 50%）、长石（约占黄土矿物总质量的 20%）、碳酸盐类矿物（约占黄土矿物总质量的 10%）和黏土矿物（包括伊利石、高岭石、绿泥石等）。根据孙建忠的《黄土学》（上册）一书对黄土中各种矿物成分的研究，黄土中碎屑矿物主要为石英、斜长石和方解石；黏土矿物为伊利石，其次为绿泥石，表 2-2 为黄土矿物成分的化学组成。

表2-2 黄土矿物组成一览表

矿物名称	化学式
石英	SiO_2
方解石	$CaCO_3$
钾长石	$K[AlSi_3O_8]$（$K_2O \cdot Al_2O_3 \cdot 6SiO_2$）
斜长石	无固定化学成分，由钠长石和钙长石按不同比例形成 $Na[AlSi_3O_8]$（$Na_2O \cdot Al_2O_3 \cdot 6S_1O_2$）$-Ca[Al_2Si_2O_8]$（$CaO \cdot Al_2O_3 \cdot 2SiO_2$）
白云石	$CaMg(CO_3)^2$
角闪石	无固定化学成分 $(Ca, Na)^{2-3}(Mg^{2+}, Fe^{2+}, Fe^{3+}, Al^{3+})^5[(Al, Si)_8O_{22}](OH)_2$
伊利石	$K^{0.75}(Al_{1.75}R)[Si_{3.5}Al_{0.5}O_{10}](OH)_2$，R 主要代表 Mg、Fe
绿泥石	$Y_3[Z_4O_{10}](OH)_2 \cdot Y_3(OH)_6$，Y 主要代表 Mg、Fe、Al，Z 主要代表 Si 和 Al

石英的主要成分是 SiO_2，长石属于硅酸盐类的矿物，它的化学成分中也含有一定量的 SiO_2，所以 Si 含量较多的地方以石英、斜长石和钾长石等碎屑类矿物为主；黏土矿物为伊利石和方解石，伊利石中以 Al 和 Fe 为主要代表元素，其中含量较高的为 Al_2O_3，绿泥石中 Si、Mg、Fe、Al 为主要代表性元素，因此 Fe 和 Al 的含量一般可以用来衡量黏土的存在与否；方解石的化学成分是 $CaCO_3$，在 Ca 含量较多的地方可以确定其为 $CaCO_3$。本书对所研究的黄土的化学成分通过 XRF 技术进行了能谱分析和测点元素分析，结果如表2-3、表2-4所示。

表2-3 黄土化学成分一览表

成分	SiO_2	Al_2O_3	CaO	Fe_2O_3	MgO	K_2O	Na_2O	Ti_2O	SrO	MnO	Cr_2O_3
含量（%）	40.31	19.03	17.36	7.52	6.73	4.50	2.05	1.96	0.37	0.14	0.02

表 2-4　黄土测点元素

分析物	O	Si	Ca	Al	Fe	Mg	K	Na	Ti	Sr	Mn
含量（%）	34.988	20.944	14.496	10.989	6.340	4.377	4.306	1.628	1.403	0.378	0.131

通过对研究区的现场调查和已有资料的分析，详细掌握了研究区的气象水文条件、地形地貌条件和地层岩性特征。通过相关的试验和资料，获取了研究区黄土的矿物成分和化学组成。

（1）研究区降雨多年平均降雨量为 563 mm，降水主要集中于 7～9 月，且常以大雨、暴雨的形式降落，大雨、暴雨具有局部性和间歇性特点，占全年降水量的 55%～70%。

（2）研究区土层自上向下由素填土、马兰黄土、离石黄土和午城黄土构成，土层分布均匀明显，素填土和马兰黄土具有湿陷性。

（3）化学成分以 SiO_2 含量最多，占 51.75%，其次是 Al_2O_3、CaO，然后是 Fe_2O_3、MgO、K_2O、Na_2O、FeO 及微量其他氧化物。

第3章 黄土边坡在降雨作用的入渗规律研究

黄土边坡的变形和破坏是由多种因素引起的，其中降雨入渗是最主要的原因之一。当降雨发生时，一部分降雨会流入土壤孔隙中，形成入渗流。如果入渗速率超过土壤的渗透能力，就会导致土体内部水分饱和，增加土体的重量和土体内部水压，从而导致黄土边坡的变形和破坏。降雨作用下的黄土边坡入渗模型研究可以为确定边坡失稳的主要影响因素提供依据，而将降雨入渗模型推广到倾斜表面上，可以为研究边坡的稳定性提供理论依据。

3.1 地质模型

为研究连续性降雨对黄土边坡稳定性的影响，选取小崆峒沟塬边黄土边坡并建立地质模型（图 3-1）。根据勘察资料，该边坡岩土体的物质组成如图 3-1（a）所示，包括马兰黄土、离石黄土和松散堆积层。组成边坡的岩土体种类较少，均匀性好，水文地质条件简单。该边坡在 2019 年滑坡后，进行了削坡减载的处理措施，削坡坡比在 1:1.25 ~ 1:0.6 之间，在处理后前期边坡的稳定性较好，但后期随着外部水环境的变化，稳定性逐步降低，下部发生破坏。根据庆阳市西峰区气象站资料，2021 年 8 月 18 ~ 19 日，塬区发生极端短时强降水事件，在 24 h 内，降雨量达 196 mm，并且在 3 h 内，降雨达 120 mm 以上。降雨入渗是引起该边坡滑移的主要因素之一。本书以坡顶部削坡边坡为研究对象，坡体长度为 12.3 m，坡高为 10.7 m，坡体黄土为马兰黄土，边坡渗水界限如图 3-1（b）所示。

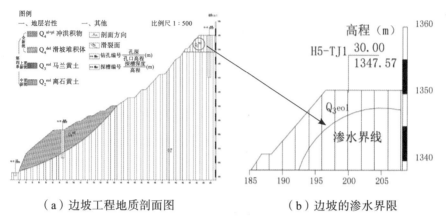

（a）边坡工程地质剖面图　　　　　　（b）边坡的渗水界限

图 3-1　黄土边坡地质模型

3.2 模型假设

黄土入渗模型是指用来描述黄土地区土壤水分入渗过程的数学模型。其中，Green-Ampt 入渗模型是一种常用的入渗模型，它可以用来计算累积入渗量及湿润锋深度，还可以估算出土壤水分剖面分布状况。经典的 Green-Ampt（GA）模型将土体剖面划分为饱和区和天然区，把这两者的交界面称为湿润锋面，而研究的含水量仅可能为天然含水量或饱和含水量。而对于非饱和土体，土体剖面划分为饱和土、过渡区和天然区三部分。在降雨入渗过程中，在表层距离湿润锋 1/2 以上位置的非饱和土会变为饱和土，而中间一部分土壤含水量增加到介于饱和含水量和天然含水量之间，为过渡区，下侧部分为天然区。图 3-2（a）显示了非饱和土体体积含水率剖面的变化，图 3-2（b）则表示了经典 Green-Ampt 模型所假设的体积含水率剖面。

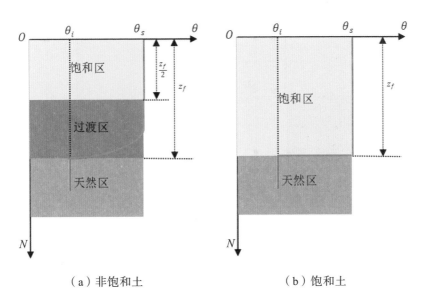

（a）非饱和土　　　　　　　　　　　　　（b）饱和土

图 3-2　土壤含水率与坡面剖面深度的关系

降雨入渗模型中，渗透系数的变化规律与降雨强度、土壤类型、土壤含水量等因素有关。一般来说，当降雨强度小于饱和渗透系数时，降雨全部渗透到土体里；当降雨强度大于饱和渗透系数时，入渗速率随时间的变化关系具有相同的一般线形，都趋于同一个界限入渗速率（饱和渗透系数）。当土壤中含有较多黏性成分时，渗透系数会显著降低。黄土坡体的渗透系数随着深度的增加而变化，在饱和区域内为饱和渗透系数，在天然区域内为天然渗透系数，而在过渡区域内则介于两者之间，且与深度呈线性关系，如图 3-3 所示。

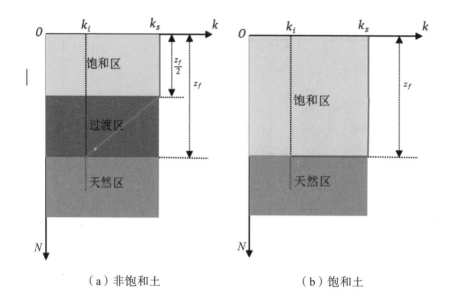

（a）非饱和土   （b）饱和土

图 3-3　土壤渗透系数与坡面剖面深度的关系

降雨条件下非饱和黄土边坡入渗模型的推导，基于下面的基本假定：

（1）考虑降雨类型为均匀型，降雨强度保持不变。

（2）土坡剖面划分为饱和区、过渡区以及天然区域；体积含水率和渗透系数随剖面深度发生变化，过渡区含水率介于天然含水率和饱和含水率之间。

（3）假定每个变量沿下坡的入渗方向保持不变。

3.3 模型推导

根据 GA 模型，坡面上的入渗可定义为平面上的垂直入渗转化为垂直于坡面的方向（图 3-4）。图 3-4 为降雨入渗下的边坡模型。其中，q 为降雨强度（cm/min），α 为坡角（°），通过计算可以得到垂直坡面的入渗深度。

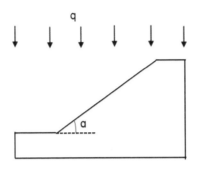

图 3-4　黄土边坡降雨入渗模型

在均匀降雨条件下，坡面的模型入渗速率 i_1 可由式（3-1）得到：

$$i_1 = q\cos\alpha \tag{3-1}$$

式中：q 为降雨强度（cm/min）；α 为边坡坡度（°）。

在降雨入渗过程中，土体的入渗速率 i_2 可由式（3-2）计算：

$$i_2 = \frac{\mathrm{d}I}{\mathrm{d}t} \tag{3-2}$$

式中：I 为土体法线方向的累积入渗量（cm）。

根据 Green-Ampt 入渗模型，依据水量平衡原理，土体累积入渗量 I 由式（3-3）可得：

$$I = (\theta_s - \theta_i)z_f \tag{3-3}$$

在达西定律的基础上，建立 GA 模型积水条件下的土壤水深速率由（3-4）可得：

$$i_2 = \frac{\mathrm{d}I}{\mathrm{d}t} = k\frac{z_f\cos\alpha + s_f + h_0}{z_f} \tag{3-4}$$

式中：k 为平均饱和渗透系数（cm/min）；z_f 为湿润锋深度（cm）；s_f 为湿润锋的吸力水头（cm）；θ_s 为土体的饱和含水量（%），θ_i 为未湿润土体的含水量（%）；h_0 为面地表的积水水头深度，其为垂直于地表的积水深度 $h\cos\alpha$。（在短历时降雨中 $h_0=0$）。

由（3-3）和（3-4）式可得：

$$i_2 = \frac{\mathrm{d}I}{\mathrm{d}t} = k\left(\cos\alpha + \frac{\left(s_f + h_0\right)\left(\theta_s - \theta_i\right)}{I}\right) \tag{3-5}$$

从坡面水分运移规律来分析，在降雨入渗时，当此时的浸润锋达到了深度 z_f，此时的湿润层厚度则是 $z_f/2$，二者表示的均为入渗时间 t 的函数。将式（3-3）代入式（3-4）可得：

$$\frac{\mathrm{d}z_f}{\mathrm{d}t} = \frac{k}{\left(\theta_s - \theta_i\right)}\left(\frac{z_f\cos\alpha + s_f + h_0}{z_f}\right) \tag{3-6}$$

由式（3-5）和式（3-6）可得湿润锋与时间 t 的变化关系：

$$t = \frac{\left(\theta_s - \theta_i\right)}{k\cos\alpha}\left\{z_f - \frac{\left(s_f + h_0\right)}{\cos\alpha}\ln\left[1 + \frac{z_f\cos\alpha}{\left(s_f + h_0\right)}\right]\right\} \tag{3-7}$$

将式（3-3）带入式（3-7）可得：

$$kt\cos\alpha = I - \frac{\left(s_f + h_0\right)\left(\theta_s - \theta_i\right)}{\cos\alpha}\cdot\ln\left[1 + \frac{I\cos\alpha}{\left(s_f + h_0\right)\left(\theta_s - \theta_i\right)}\right] \tag{3-8}$$

若令累积入渗函数为 $f(I)$，

$$f(I) = I - \frac{\left(s_f + h_0\right)\left(\theta_s - \theta_i\right)}{\cos\alpha}\cdot\ln\left[1 + \frac{I\cos\alpha}{\left(s_f + h_0\right)\left(\theta_s - \theta_i\right)}\right],\ \text{则有：}$$

$$f(I) = kt\cos\alpha \tag{3-9}$$

由式（3-9）可知，累积入渗量函数与时间 t 为线性关系，揭示了累积入渗量函数与降雨时间 t 的关系。

进一步分析（3-7）式：

①当时间 t 较小，无积水时，或者在坡面上，取 $h_0=0$，从而可得：

$$t = \frac{\left(\theta_s - \theta_i\right)}{k\cos\alpha}\left\{z_f - \frac{s_f}{\cos\alpha}\ln\left[1 + \frac{z_f\cos\alpha}{s_f}\right]\right\} \tag{3-10}$$

②当时间将较小，在入渗过程中，湿润锋深度 z_f 可以忽略，从而可得：

$$\frac{\mathrm{d}z_f}{\mathrm{d}t} = \frac{k\left(s_f + h_0\right)}{\Delta\theta z_f \cos\alpha} \tag{3-11}$$

$$Z_f = \sqrt{\frac{2kt\left(s_f + h_0\right)t}{\Delta\theta}} \tag{3-12}$$

其中，$\Delta\theta = \theta_s - \theta_i$。

由式（3-12）可得，黄土入渗过程中，降雨入渗的深度与黄土的渗透系数、基质吸力和降雨持续的时间有关。

3.4 黄土基质吸力及渗透系数确定

基于上述内容，本书拟通过试验测得降雨过程中坡体的累积入渗量时变规律，在黄土地区分层假设的基础上，得到非饱和黄土的基质吸力和非饱和渗透系数。由 PHilip 模型可以得到累积入渗量和时间之间的关系：

$$I = St^{\frac{1}{2}} + k_s t \tag{3-13}$$

式中：S 为土体吸渗率，k_s 为饱和渗透系数。

由 GA 模型可得：

$$i = k_s \frac{s_f + h_0}{z_f} \tag{3-14}$$

由 PHilip 模型可得：

$$i = \frac{1}{2}St^{-0.5} \tag{3-15}$$

联立式（3-13）至式（3-15）可得土体吸渗率公式：

$$S^2 = 2k_s \frac{s_f + h_0}{z_f} I = 2k_s \Delta\theta \left(s_f + h_0 \right) \tag{3-16}$$

由式（3-16）可推得黄土平均基质吸力水头公式：

$$s_f = \frac{s^2}{2k_s \Delta\theta} - h_0 \tag{3-17}$$

将式（3-17）代入式（3-9）可得：

$$I - \frac{s^2}{k_s} \ln\left(1 + \frac{Ik_s \cos\alpha}{s^2} \right) = kt \cos\alpha \tag{3-18}$$

黄土实际的渗透系数计算公式：

$$k = \frac{\Delta\theta z_f}{t \cos\alpha} - \frac{s^2}{k_s t \cos\alpha} \ln\left[1 + \frac{z_f k_s \Delta\theta \cos\alpha}{s^2} \right] \tag{3-19}$$

由式（3-19）可知，黄土的实际渗透系数与黄土的初始含水量、饱和渗透系数、时间及土体吸渗率有关。

3.5 模型验证

本试验基于原型坡坡高 10 m，宽度 2.5 m，依据相似性原理将原型与模型边坡的几何相似比设定为 n，原型与模型的渗透系数比设定为 1，降雨历时和降雨强度均设定 1，为提高制作边坡的准确性，其干密度和初始质量含水量均与原坡接近。

利用自主研发的人工降雨模拟平台模拟了一场连续性降雨。试验边坡的土体参数如表 3-1 所示。在试验过程中，模拟边坡设计坡度包括 30°、45° 和 60°，降雨强度设定为 10.5 mm/h，降雨高度为 2.8 m，累计降雨时长为 6 h，累积降雨量为 63 mm。在降雨过程中，每 8 min 记录入渗深度（cm），记录垂直于坡顶方向和垂直于坡面方向两个部位的降雨入渗数据。根据实测数据，降雨结束时所绘制的边坡的湿润锋曲线如图 3-5 至图 3-7 所示。30° 坡 6 h 垂直坡顶方向的入渗的深度为

51.5 cm，垂直坡面入渗的深度为 49.3 cm。45° 坡 6 h 垂直坡顶方向的入渗的深度为 50.5 cm，垂直坡面入渗的深度为 39.5 cm。60° 坡 6 h 垂直坡顶方向的入渗的深度为 37.5 cm，垂直坡面入渗的深度为 31.81 cm，在垂直坡顶方向的数据相比较 30° 和 45° 坡面小，主要是由于模型箱尺寸限制，导致该方向迎水面比其他两个坡度小。

表 3-1　试验边坡的土体参数

	天然密度（g/cm³）	初始含水量（%）	饱和含水量（%）	饱和渗透系数（cm/min）
均质土坡	1.41	11.32	52.2	0.0306

图 3-5　边坡的湿润锋深度（30°）　　图 3-6　边坡的湿润锋深度（45°）

图 3-7　边坡的湿润锋深度（60°）

图 3-8 和图 3-9 分别为不同坡度边坡的降雨入渗深度和入渗率随时间的变化规律。由图可以看出，降雨入渗深度随时间的增长而增加，随着坡度的增加而减小。但随着降雨时间的增加，入渗深度的变化率逐渐降低。水分透过坡体层面沿垂直和水平方向渗入到土壤中，大体可以分为三个阶段。第一阶段：土壤的含水量较低，由于土颗粒分子力的作用下渗，土壤的入渗速率较高，土体含水量增加速度快；第二阶段：随着降雨时间的增加，水在土体孔隙中运动，土体的含水量由上至下依次上升，入渗速率逐渐趋于稳定。第三阶段：当土体的湿润锋达到后，土体由非饱和状态过度至饱和状态，入渗速率稳定。

土壤的入渗率是指单位时间内单位面积的降雨或灌溉水的渗透深度。而基质吸力则是土壤内水分运动的重要参数，是指土壤中孔隙水对固体颗粒的吸附力。通过实测值和公式推导，得出了不同坡度的土体平均入渗率和平均基质吸力水头。表 3-2 为拟合得到的数据结果，可以看出黄土的平均渗透系数为 0.079 cm/min，这个数据值可以用来进行土壤水文学模型的建模和模拟，并来评估和预测土地利用的影响和水文循环变化。同时，与公式（3-19）计算结果的一致性也验证了计算方法的可靠性和正确性。

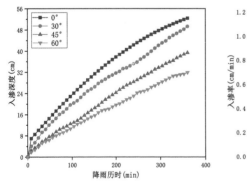

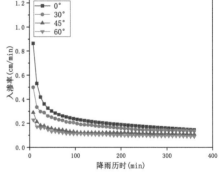

图 3-8　入渗深度与降雨历时的关系曲线　　图 3-9　入渗率和降雨历时的关系曲线

表 3-2　试验边坡的土体参数

坡度	0°	30°	45°	60°
入渗率	2.18	2.10	1.91	1.78
基质吸力水头（cm）	917.89	851.76	704.60	611.95

3.6 基于 Newton-RapHson 方法的数值验证

Newton-RapHson 方法是通过一个交互序列的简单模型来求函数的根。可以用下式表示：

$$x_{n+1} = x_n - \frac{g(x_n)}{g'(x_n)}, \quad n = 0, 1, 2 \cdots \tag{3-20}$$

式中：n 为公式计算步长；x 为自变量；$g(x)$ 为方程的目标值。

利用公式（3-8）可以计算：

$$g(I) = I - k_s t \cos\alpha - \frac{(\theta_s - \theta_i)(s_f + h_0)}{\cos\alpha} \ln\left(1 + \frac{I\cos\alpha}{(\theta_s - \theta_i)(s_f + h_0)}\right) \tag{3-21}$$

$$g'(I) = 1 - \frac{(\theta_s - \theta_i)(s_f + h_0)}{(\theta_s - \theta_i)(s_f + h_0) + I\cos\alpha} \tag{3-22}$$

每个时间 t 对应的 I 值由等式（3-20）中给出的交互过程确定。作为算法停止标准，绝对误差小于或等于 0.0001（即 I_n 和 I_{n+1} 之差的模）。一旦确定 I 的值，将其应用于方程式（3-21）中，然后获得时间 t 的 I 值。Newton-RapHson 方法的特点是易于实现，能够用于各种各样的程序和编程语言，本章使用 Python3.9 实现。

为了评估方法的准确性，采用相关系数进行评价，该指标在 0 到 100% 之间变化，越接近 100% 时，模型调整得越好。

$$R^2 = 1 - \frac{\sum_{i=1}^{n}(y_{i,\exp} - y_{i,num})^2}{\sum_{i=1}^{n}(y_{i,\exp} - \overline{y}_{\exp})^2} \tag{3-23}$$

式中：R^2 为相关系数；n 为样本数；$y_{i,exp}$ 为第 i 个试验数据；$y_{i,num}$ 第 i 个计算数据；$\bar{y}_{exp}$ 为试验数值平均数。

表 3-3 为利用 Newton-RapHson 方法推求的修正 Green-Ampt 入渗模型数值模拟结果。结果表明，利用 Newton-RapHson 方法求出的修正后的 Green-Ampt 入渗模型数值模拟结果与图 3-8 的描述一致，随着坡度的增加，累计入渗量减小。此外，实验结果与推求出的修正的 Green-Ampt 公式斜坡的累积入渗量结果具有较好的相关性。

表 3-3 利用 Newton-RapHson 方法推求 Green-Ampt 入渗模型数值模拟结果

降雨时间 t（min）	降雨量（cm）	累计入渗量 0°（cm）	累计入渗量 30°（cm）	累计入渗量 45°（cm）	累计入渗量 60°（cm）
0	0	0	0	0	0
8	2.93	8.22	6.98	5.67	4.28
16	5.87	11.66	9.89	8.03	6.07
24	8.80	14.31	12.13	9.86	7.45
32	11.73	16.56	14.04	11.40	8.61
40	14.67	18.54	15.71	12.77	9.64
48	17.60	20.34	17.24	14.00	10.57
56	20.53	22.00	18.65	15.14	11.43
64	23.47	23.55	19.96	16.21	12.24
72	26.40	25.00	21.19	17.21	12.90
80	29.33	26.38	22.36	18.16	13.70
88	32.27	27.71	23.47	19.06	14.38
96	35.20	28.96	24.54	19.92	15.04
104	38.13	30.18	25.53	20.76	15.66
112	41.07	31.35	26.55	21.56	16.26
120	44.00	32.48	27.50	22.34	16.84
128	46.93	33.57	28.43	23.09	17.41
136	49.87	34.63	29.32	23.81	17.96
144	52.80	35.66	30.20	24.52	18.49
152	55.73	36.67	31.05	25.21	19.00
160	58.67	37.65	31.88	25.88	19.51

续表

降雨时间 t（min）	降雨量（cm）	累计入渗量 0°（cm）	累计入渗量 30°（cm）	累计入渗量 45°（cm）	累计入渗量 60°（cm）
168	61.60	38.61	32.69	26.54	20.00
176	64.53	39.55	33.50	27.18	20.49
184	67.47	40.46	34.25	27.81	20.96
192	70.40	41.37	35.01	28.43	21.43
200	73.33	42.25	35.76	29.03	21.88
208	76.27	43.11	36.49	29.63	22.32
216	79.20	43.96	37.20	30.21	22.76
224	82.13	44.79	37.91	30.78	23.19
232	85.07	45.62	38.60	31.34	23.61
240	88.00	46.42	39.29	31.90	24.02
248	90.93	47.23	39.96	32.44	24.43
256	93.87	48.01	40.62	32.98	24.84
264	96.80	48.78	41.27	33.50	25.24
272	99.73	49.55	41.92	34.03	25.62
280	102.67	50.29	42.55	34.54	26.01
288	105.60	51.40	43.18	35.05	26.40
296	108.53	51.77	43.79	35.55	26.77
304	111.47	52.49	44.40	36.05	27.14
312	114.40	53.21	45.00	36.53	27.51
320	117.33	53.92	45.60	37.02	27.87
328	120.27	54.62	46.19	37.49	28.23
336	123.20	55.30	46.77	37.97	28.58
344	126.13	55.99	47.35	38.43	28.93
352	129.07	56.66	47.91	38.89	29.28
360	132.00	57.33	48.48	39.36	29.62
R^2		0.98	0.98	0.97	0.98

第4章　降雨作用下黄土边坡入渗
特性及变形特征试验研究

4.1 降雨入渗试验研究

4.1.1 试验方案设计

本书以小崆峒沟黄土边坡为原型，所选坡体高度为 10.7 m，原状黄土的土体参数如表4-1所示。试验用的模型箱尺寸为2.7 m×1.2 m×1.2 m（长×宽×高），模型箱一侧为透明玻璃，另一侧为不锈钢材料（图4-1、图4-2）。

表 4-1　原型土和模型土参数

	干密度 （g·cm⁻³）	初始含水量 （%）	比重	孔隙比	渗透系数 （×10⁻⁴cm·s⁻¹）
原型	1.44	11.32	2.71	0.84	1.02
模型	1.41	11.32	2.71	0.90	5.10

图 4-1　人工降雨模拟装置

图 4-2　模拟试验坡

本书以 30° 黄土均质边坡为例，对黄土边坡在降雨条件下的入渗特性进行研究。在制作边坡模型时，土坡模型的土壤参数根据原状黄土的参数设计。根据相似性原理，对边坡的密度、初始含水量、孔隙比和渗透系数进行控制。在制作坡体时，将透明玻璃板一侧分割成 5 cm×5 cm 的小网格。根据所需土壤的密度，计算所需土的重量，分层夯实到指定的位置，并按设计要求布置测试装置。在每次夯实完成后，测定其密度，在坡制作完成后，固结 48 h。

4.1.2 降雨及测量设备

试验所用的降雨设备由降雨系统和监测测量系统组成。降雨系统主要包括锥形喷头、降雨管路和供水系统及降雨控制器，降雨系统能够确保 85% 以上的降雨均匀度。雨滴喷头选用美国 Spraying Systems 公司生产的 Fulljet 旋转下喷式喷头模拟降雨，雨滴直径为 0.3 mm ～ 6.0 mm。它可以与多种不同规格的垂直全喷式雨滴模拟专用喷头相配合，叠加组成雨滴喷雾组（3 ～ 5 个组份），既能产生较大的雨强变化，又能保证雨滴模拟效果，从而形成人工自动模拟雨量的一种从小到大、形态相似、均匀度相近的雨强连续可调式设备。监测测量设备包括土压力传感器、孔隙水压力传感器、静态应变仪、3D 扫描仪等，型号如表 4-2 所示。

表 4-2 监测设备型号

监测设备	型号	量程	数量	产地
土压力传感器	BW	0 ～ 20 kPa	15	江苏省溧阳市金诚测试仪器厂
孔隙水压力传感器	BWK 型	0 ～ 10 kPa	15	江苏省溧阳市金诚测试仪器厂
静态应变仪	东华 3816N	60 通道	1	江苏东华测试技术股份有限公司
3D 扫描仪	Freescan Combo	－	1	先临三维科技

其中，选用的 BW 型微型土应力应变式传感器如图 4-3（a）所示，量程为 0 kPa ～ 20 kPa，直径为 28 mm，灵敏度为 2.0，为桥式传感器，接线方式为全桥法，埋设时传感器受力面与测试方向垂直，与静态应变仪连接时，设置桥压为 2 V，桥路电阻为 350 Ω，工程单位为 kPa。选用的 BWK 型微型孔隙水压力传感器如图 4-3（b）所示，量程为 0 kPa ～ 10 kPa，直径 18 mm，为桥式传感器，接线方式为全桥，孔隙水压力传感器在使用前，在水中浸泡 30 分钟，在用土工纱布包裹好传感器后，按设计方法埋入坡体内。读数利用东华 3816 N 静态应变仪，如图 4-3（c）所示，选择桥式传感器，桥压 2 V，桥路电阻 350 Ω，工程单位为 kPa，根据传感器出厂时的灵敏度标记，设置灵敏度，以 100 kPa 量程为例，标记为 $\dfrac{335\mu\varepsilon}{100\mathrm{kPa}}$，传感器灵敏度 $\dfrac{3.35\mu\varepsilon}{\mathrm{kPa}}$。

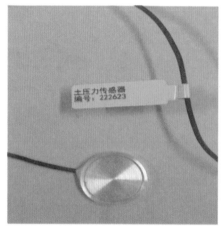

（a）土压力传感器　　　　　　（b）孔隙水压力传感器

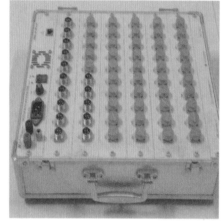

（c）静态应变仪　　　　　　　（d）3D扫描仪

图4-3　传感器和采集设备

在降雨试验中，各设备布置如图4-4所示。土压力盒和孔隙水压力传感器在坡顶、坡中和坡底3个位置布置，每层按图所示布置3个，传感器的水平间距为35 cm。降雨强度设计为10.5 mm/h，降雨高度为2.8 m，累计降雨时长6 h，累计降雨量为63 mm。在降雨开始时，将土压力和孔隙水压力的应变数据进行平衡（起始数据均为0），每隔30 s由应变仪自动记录土压力和孔隙水压力的变化值。

边坡变形由 3D 扫描仪在不同时间的处理图像进行对比分析获得。
3D 扫描仪是一种高效、准确的工具,使用 3D 扫描仪能够对黄土边坡进
行全面的、多角度的扫描。通过激光扫描,记录下每个点的坐标和高度
信息,并将其转化为三维坐标数据。在完成扫描后,将获取的三维坐标
数据导入计算机,并进行数据处理,可以将扫描数据转换为点云图。在
模拟降雨过程中,通过对边坡进行周期性的扫描,以获取不同时间点的
边坡数据。借助参考坡体作为基准(图 4-5),将不同时间点的边坡数
据和参考坡体的数据进行对比,从而得到边坡的变形情况。

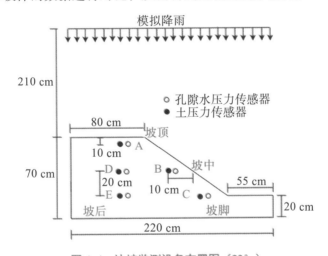

图 4-4　边坡监测设备布置图（30°）

图 4-5　参考数据图（未降雨前）

4.2 结果与分析

4.2.1 降雨入渗对边坡孔隙水压力的影响

初始状态下坡体土体为非饱和土，孔隙水压力小于零（-2.62 kPa）。随着降雨持续时间的增加，雨水不断入渗，坡体内孔隙水压力会发生明显变化，分别在坡体的上、中、下部布置监测点来探究降雨入渗作用下坡体内部不同监测点孔压变化，结果如图4-6所示。从图可以看出，坡体靠近坡面的孔隙水压力变化总体呈现坡底的孔隙水压力变化最大，其次为坡中，最小的在坡顶。在降雨初期，浅层土体的降雨入渗速度快，无径流产生，孔隙水压力迅速增加。随着降雨持时的增加，由于表层土体饱和，孔隙度减小，导致降雨渗透性变小，进而影响到土壤的入渗能力，孔隙水压力的增幅变缓。对比垂直方向3个测点的孔隙水压力变化规律，可以看出，随着降雨时间的持续，距离坡面越近，孔隙水压力的变化幅度越大。在降雨初期，孔压的变化更加明显。其峰值的出现也与深度呈正相关。随着降雨持时的增加，沿深度的孔隙水压力变化减小，这与降雨渗入坡体内的雨量有关。说明降雨作用下，孔压的变现具有层次性，降雨阶段，孔隙水压力由表及里增幅逐渐减小。在降雨结束后，不同部位和深度的孔压都存在不同的消散，孔压由表及里逐步消散。

由图4-7可知，在降雨过程中，孔隙水压力变化速率均呈先增大后减小，并逐渐趋于平缓的过程，其中靠近坡面的坡脚处最大的变化率高于坡中和坡顶的1.12倍和1.50倍，说明靠近坡面部位的孔隙水压力上升速度更快，降雨前期容易先达到饱和而导致坡脚处的破坏。

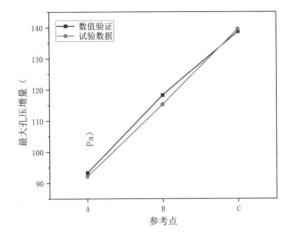

图 4-6　不同点处最大孔隙水压力验证

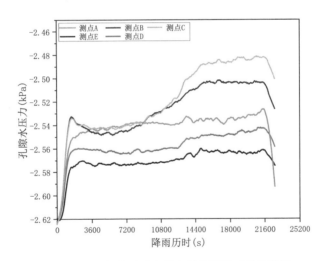

图 4-7　不同部位孔隙水压力随降雨历时的曲线图

　　降雨作用下，黄土边坡土体内的孔隙水压力变化受到降雨量、降雨时间、降雨频次以及坡体土层厚度的影响十分明显。受降雨影响，孔隙水压力从一开始的最低水平开始迅速升高，并在降雨量和时间较长的情况下达到最大值，然后随着降雨结束而缓慢降低。此外，孔隙水压力还会受到坡体土层厚度的影响，土层越厚，孔隙水压力增加的速度越慢。

4.2.2 降雨入渗对边坡土压力的影响

图 4-8 为坡体内不同部位土压力增量在均匀降雨情况下的随降雨历时的变化曲线。由图 4-8 可知，在持续降雨的过程中，不同测点的土压力变化规律基本一致，呈现先快速增加，后趋于稳定变化的态势。究其原因是降雨初期，雨水会在边坡的地表浅层形成滞水，会使土层的整体含水量增加，导致坡体的自重增加。在后期表层土壤饱和后，会形成地表径流，雨水顺着坡体向下冲刷形成一定的动水压力，进而侵蚀坡脚。从对坡顶、坡中和坡脚的土压力分析可以看出，坡顶 A 点处土压力在降雨初期就有明显的增加。坡中 B 点处的土压力在降雨初期变化幅度较小，在降雨中期有明显的变化，而后是坡脚处的土压力。从边坡剖面的变化来看，沿深度土压力的变化减小。将不同测点的土压力在试验前清零后，坡体本身土体对不同深度处的土压力的影响不再考虑，所测测点的土压力为降雨影响的土压力，在降雨初期对坡顶的土压力影响最为明显，而后是坡中，最后是坡脚。在持续降雨影响下，随着降雨历时的增加，土体的饱和度增加，容重增加，下层土体的应力增加，对比坡面附近的土体压力，坡脚的土压力超过坡中和坡顶，发展到最大。而沿深度方向，由于降雨入渗对坡体后缘的影响较小，坡体后缘 E 点的土压力基本未发生变化。这一现象会导致土体侧向变形增大，加大表层土体的下滑趋势。

进一步分析土压力的变化速率的规律，在降雨初期，由于降雨入渗的影响，坡顶部位 A 处的土压力的变化速率迅速增加，并达到峰值，随后减小，并逐渐稳定，而坡中 B 点和坡脚部位 C 处的土压力变化速率较小。在随后的降雨过程中，坡中 B 点和坡脚部位 C 处的土压力变化速率快速增加，其变化速率的大小与 A 点处的速率基本一致，坡顶 A 处的土压力变化速率趋于稳定。

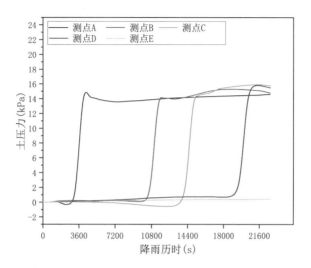

图 4-8　不同降雨历时条件下土压力的变化曲线

从图 4-7 和图 4-8 可以看出，孔隙水压力和土压力可以反映降雨入渗对边坡稳定性的影响。在同一深度和位置处，孔隙水压力与土压力之间有一定的关联，随着土压力的增加，孔隙水压力增加。而在受降雨作用时，随着降雨入渗量的增加，孔隙水压力和土压力的变化也有着相似的轨迹。

4.2.3　降雨入渗对边坡变形的影响

以未降雨边坡为参考坡体，利用 3D 扫描仪获取坡体数据，并定义三维坐标系，其他时刻坡体的扫描数据在对齐时采用同一坐标系和坐标原点。取 Y 方向 550 mm 处的剖面进行 2D 数据对比分析，分析了降雨边坡与未降雨边坡在不同降雨时刻的变形规律，结果如图 4-9 所示，图中选取了 3 h 和 6 h 的对比结果数据。由图 4-9 可以看出，随着降雨时间的增加，黄土边坡的变形量也增加。由不同坡度边坡的入渗规律可知，坡顶的入渗量大于坡面的入渗量。在降雨作用下，坡体的重力和入渗作用的共同作用会更为明显，重力沿着坡面的分量会加大坡体的沿顺坡向的滑移作用，进一步加大坡面顶部的变形速率。植物护坡技术能够改变处理坡面上渗流过程，改变渗流特性，通过植物护坡可以抑制坡度上的水力活动，减小坡面上的孔隙水压力；同时可以保证坡面土壤的稳定性，从而减少土壤流失和滑动等危害。

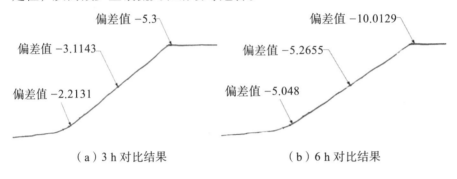

（a）3 h 对比结果　　　　　　　（b）6 h 对比结果

图 4-9　不同降雨时间边坡随降雨历时的变化规律

4.2.4　数值验证

本小节的计算是在 Abaqus 软件平台上进行的，将土视为孔隙材料，假设孔隙材料是具有固体架构中均布孔隙的多孔介质，同时将节点位移和孔隙水压力作为节点自由度，基于 Mohr-Coulomb 破坏准则，进行降雨入渗下非饱和土坡渗流场和应力场的耦合分析。降雨边界函数以降雨强度，即单位流通量 q（m/s）表示，并且排除降雨所造成的地表积水现象。降雨的发生并不局限于某一部分，而是对整个边坡都有作用，所以降雨入渗分析是以整个边坡坡顶及坡面都受到降雨作用来进行的。降雨采用均匀型雨型，并对物理模拟试验中参考点的最大孔压数据进行验证，图 4-10 为 30° 坡的特征点位置。图 4-11 为边坡数值模型图。图 4-11 为降雨 6 h 不同参考点最大孔隙水压增量的实测结果与数值结果的对比。将模拟结果与实际测量值进行对比，数值模拟中孔隙水压力增量的模拟结果与实测结果接近。降雨会对边坡坡顶、坡中和坡底孔隙水压力产生不同程度的影响，其中坡底的影响最为显著。坡底处的孔隙水压力最大，且排水能力最差，导致了土体的饱和度增加，土体强度下降，会引起了较大的变形和破坏。

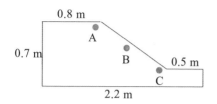

图 4-10　30°边坡特征点图

图 4-11　30°边坡模型图

第5章 降雨作用下不同坡度黄土边坡稳定性因素研究

降雨作用下不同坡度黄土边坡稳定性因素研究，能够深入解析黄土边坡在不同坡度和降雨条件下的失稳机理，为预测和防范黄土边坡灾害提供科学依据，对优化黄土边坡设计、加强黄土地区防灾减灾具有重要的工程应用价值。

5.1 数值模型建立

5.1.1 模型的建立

在模拟因为降雨引起的边坡失稳分析时，降雨坡度按照 30°、45° 和 60° 设计，降雨强度按照 2 mm/h、3 mm/h、4 mm/h 和 5 mm/h 四个强度设计。

5.1.2 基本假定

①边坡采用均匀土质马兰黄土；②坡底施加全约束；左右两侧施加水平位移，右侧为透水边界；③左右两侧为不透水边界；④采用均匀降雨；⑤设置 A、B、C 三点为数据采集点，A 点在坡底、B 点在坡中位置、C 点在坡顶位置。30° 坡的模型在第 4 章图 4-11 中已经展示，45°、60° 坡度的模型如图 5-1 所示。

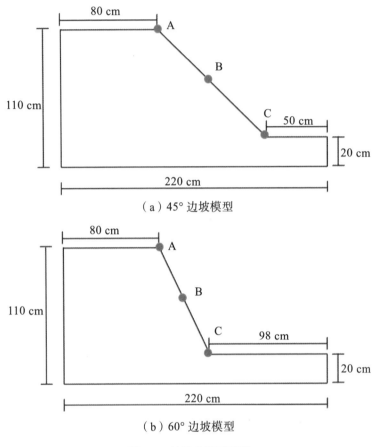

（a）45°边坡模型

（b）60°边坡模型

图 5-1　边坡降雨模型图

5.1.3 模拟工况

仿真分析采用 Abaqus6.14.3 分析软件，对不同工况的坡体进行仿真模拟分析，所建模型与试验边坡比例尺为 1：1，降雨历时 24 h，各工况所取参数如表 5-1 所示。

表 5-1　各工况所取参数表

工况	1	2	3	4	5	6	7	8	9	10	11	12
坡度（°）	60	60	60	60	45	45	45	45	30	30	30	30
降雨量（mm/h）	2	3	4	5	2	3	4	5	2	3	4	5

降雨时程曲线来自庆阳市气象局 2021 年降雨资料（图 5-2）。小雨 24 h 降雨量 9.1 mm，中雨 24 h 降雨量 13.9 mm，大雨 24 h 降雨量 31.1 mm，暴雨 24 h 降雨量 64.7 mm。

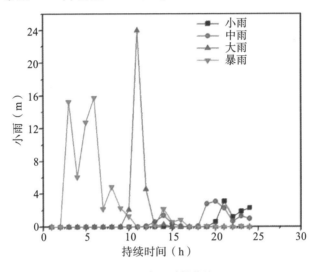

图 5-2　降雨时程曲线

5.2 结果与分析

5.2.1 不同降雨类别边坡位移和孔压的变化规律研究

图 5-3 为分析不同坡度的边坡采用 4 个不同类别（暴雨、大雨、中雨和小雨）的降雨量 - 时程作用下边坡位移的结果。由图可以看出，对于坡度 30° 的边坡，当降雨类别从暴雨减小到中雨时，边坡的最大位移逐渐减小，然而，当降雨类别从中雨减小到小雨时，边坡的最大位移却增加；对于坡度 45° 的边坡，当降雨类别从暴雨减小到小雨时，边坡的

最大位移逐渐减小。对于坡度 60° 的边坡，当降雨类别从暴雨减小到大雨时，边坡的最大位移均逐渐减小；当降雨类别从大雨减小到小雨时，边坡的最大位移逐渐增加。当降雨类别（降雨等级）相同时，坡度为30° 的边坡位移最大，坡度为 45° 的边坡位移最小。

对于降雨类别相同时，在暴雨和大雨阶段 30° 的位移最大，60° 边坡的位移居中，45° 边坡位移最小。在中雨和小雨阶段，各边坡的位移变化不明显。

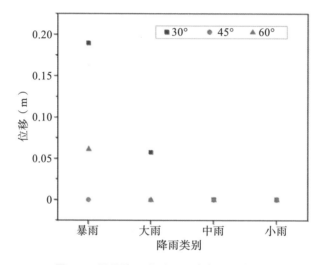

图 5-3　不同降雨类别不同坡度的位移曲线

图 5-4 为分析不同坡度的边坡采用 4 个不同类别（暴雨、大雨、中雨和小雨）的降雨量－时程作用下边坡孔压的结果。由图可以看出，对于坡度 30° 的边坡，当降雨类别为暴雨和大雨时，边坡顶部和底部的孔压大小相等，当降雨类别从大雨减小到中雨时，边坡坡顶和坡底的孔压减小，而当降雨类别从中雨减小到小雨时，边坡坡顶和坡底的孔压增加。对于坡度 45° 的边坡，当降雨类别从暴雨减小到小雨时，边坡坡顶和坡底的孔压均逐渐减小。对于坡度 60° 的边坡，当降雨类别从暴雨减小到大雨时，边坡坡顶和坡底的孔压均逐渐减小；当降雨类别从大雨减小到小雨时，边坡坡顶和坡底的孔压均逐渐增加。当降雨类别（降雨等

级）为大雨、中雨和小雨时，对于坡顶孔压，坡度为 30° 的边坡坡顶孔压最大，坡度为 45° 的边坡坡顶孔压最小，对于坡底孔压，坡度为 30° 的边坡坡底孔压最大，坡度为 60° 的边坡坡底孔压最小；当降雨类别（降雨等级）为暴雨时，坡度为 30° 的边坡坡顶和坡底孔压最大，坡度为 45° 的边坡坡顶和坡底孔压最小。其中，对于坡度 45° 的边坡，边坡坡顶的孔压始终为负数。

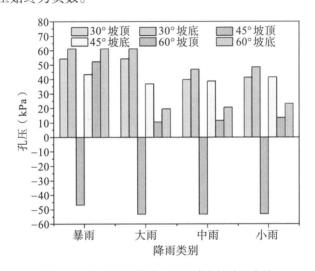

图 5-4　不同降雨类别、不同坡度的孔压曲线

图 5-5 和图 5-6 为坡度为 30° 的边坡在暴雨作用下边坡位移和孔压模拟的结果图。

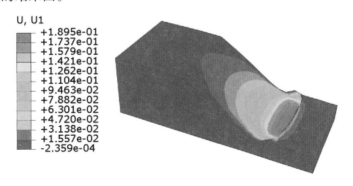

图 5-5　坡度 30° 边坡在暴雨工况下边坡位移

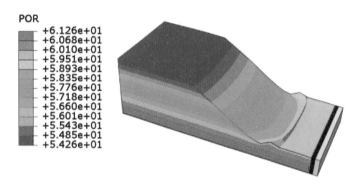

POR
+6.126e+01
+6.068e+01
+6.010e+01
+5.951e+01
+5.893e+01
+5.835e+01
+5.776e+01
+5.718e+01
+5.660e+01
+5.601e+01
+5.543e+01
+5.485e+01
+5.426e+01

图 5-6　坡度 30° 边坡在暴雨工况下边坡孔压分布

　　总之，当降雨类别（降雨等级）逐渐降低时，不同坡度的边坡最大位移、坡顶和坡底孔压的变化展现出不同的变化规律。当降雨类别（降雨等级）相同时，坡度为 30° 的边坡位移最大，坡度为 45° 的边坡位移最小。由此可以看出，不同坡度的边坡在不同的降雨条件下，位移和孔压的变化展现出不同的规律。边坡的位移和孔压与降雨的强度、降雨的类型有关。当降雨类别为暴雨和大雨时，边坡顶部和底部的孔压大小相等，说明边坡孔压的变化和降雨量有关。综合以上结果，本研究从降雨雨型、降雨强度、降雨持时以及渗透系数 4 个方面分析不同坡度的边坡位移和孔压的变化规律，为工程设计及安全评估提供参考。

5.2.2 不同因素对边坡位移和孔压的影响研究

1. 降雨强度的影响研究

　　图 5-7 为分析不同坡度的边坡采用 4 个不同降雨强度（5 mm/h、4 mm/h、3 mm/h 和 2 mm/h）的降雨量 – 时程作用下边坡位移结果。降雨持时为 3 h，降雨强度不随时间变化而变化（即降雨雨型为均匀型）。

　　对于不同坡度的边坡，当降雨强度逐渐增强时，边坡的最大位移逐渐增大。当降雨强度相同时，坡度为 30° 的边坡位移最大，坡度为 45° 的边坡位移最小。对于坡度为 30° 和 60° 的边坡，当降雨强度为 2 mm/h

时，边坡的最大位移分别为 0.561 m 和 0.215 m，边坡均发生了破坏。而对于坡度为 45° 的边坡，降雨强度为 5 mm/h 时，边坡的最大位移仅为 0.006 m，边坡保持稳定。

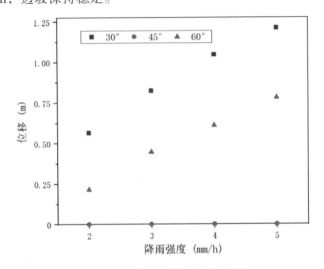

图 5-7　降雨强度对边坡位移的影响

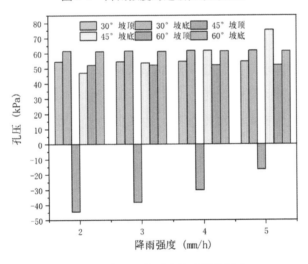

图 5-8　降雨强度对边坡孔压的影响

图 5-8 为分析不同坡度的边坡采用 4 个不同降雨强度（5 mm/h、4 mm/h、3 mm/h 和 2 mm/h）的降雨量 - 时程作用下边坡孔压的结

果。降雨持时为 3 h，降雨强度不随时间变化而变化（即降雨雨型为均匀型）。

对于坡顶孔压，坡度为 30° 的边坡坡顶孔压最大，坡度为 45° 的边坡坡顶孔压最小，对于坡底孔压，当降雨强度为 5 mm/h 和 4 mm/h 工况，坡度为 45° 的边坡坡底孔压最大，坡度为 30° 的边坡坡底孔压最小；当降雨强度为 3 mm/h 和 2 mm/h 工况，坡度为 30° 的边坡坡底孔压最大，坡度为 45° 的边坡坡底孔压最小。在孔压方面，对于坡度为 30° 和 60° 的边坡，不同降雨强度条件下，坡顶和坡底的孔压始终为超孔压，而坡度为 45° 的边坡，坡顶的孔压为负超孔压，坡底的孔压为超孔压。对于坡度为 30° 的边坡，坡顶和坡底的孔压分别在 55 kPa 和 62 kPa 附近，坡度为 60° 的边坡，坡顶和坡底的孔压分别在 52 kPa 和 61 kPa 附近，坡度为 45° 的边坡，当降雨强度从 5 mm/h 减小到 2 mm/h 时，坡顶的孔压从 −16 kPa 减小到 −44 kPa，坡底的孔压从 75 kPa 减小到 47 kPa。

2. 降雨持续时间对边坡的影响研究

图 5-9 为分析不同坡度的边坡采用 4 个不同降雨持时（5 h、4 h、3 h 和 2 h）的降雨量 – 时程作用下边坡位移的结果。降雨强度为 3 mm/h，降雨强度不随时间变化而变化（即降雨雨型为均匀型）。对于不同坡度的边坡，当降雨持时逐渐增加时，边坡的最大位移逐渐增加。对于坡度为 30° 和 60° 的边坡，当降雨持时为 2 h 时，边坡的最大位移分别为 0.485 m 和 0.246 m，均已发生破坏。对于坡度为 45° 的边坡，当降雨持时为 5 h 时，边坡的最大位移为 0.177 m，而降雨持时为 4 h 时，边坡的最大位移仅为 0.05 mm，边坡几乎无变形。当降雨持时相同时，对于边坡最大位移，坡度为 30° 的边坡位移最大，坡度为 45° 的边坡位移最小。

图 5-10 为分析不同坡度的边坡采用 4 个不同降雨持时（5 h、4 h、3 h 和 2 h）的降雨量 – 时程作用下边坡位移和孔压的结果。降雨强度为 3 mm/h，降雨强度不随时间变化而变化（即降雨雨型为均匀型）。对于

坡度为 30° 和 60° 的边坡，当降雨持续时间逐渐减小时，边坡坡顶和坡底的孔压逐渐降低。对于坡度为 30° 和 60° 的边坡，当降雨持时从 5 h 减少到 4 h 时，边坡坡顶和坡底的孔压大小不变，当降雨持时继续降低时，边坡坡顶和坡底的孔压逐渐减小。

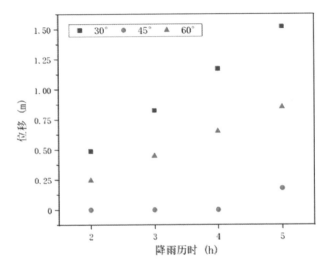

图 5-9　不同降雨历时对边坡位移的影响

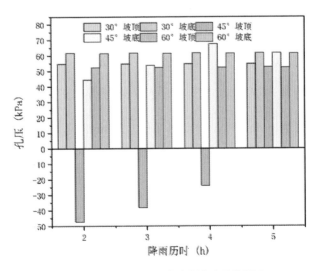

图 5-10　不同降雨历时对边坡孔压的影响

结果表明，对于坡度为 30° 和 60° 的边坡，当降雨量达到一定时，边坡达到饱和，边坡孔压保持不变，但位移却在增加。以坡度为 30° 的边坡为例，当降雨持时为 4 h 和 5 h 时，孔压相等，但边坡的最大位移从 1.71 m 变化到 1.52 m，从最大位移可以判断出，边坡均已发生破坏。当持续的降雨导致边坡饱和，孔压不再变化，此时边坡已发生失稳滑坡，但持续的降雨依然会加大边坡的位移。对于坡度为 45° 的边坡，边坡坡顶的孔压逐渐降低，当降雨持时为 5 h 时，边坡的坡顶和坡顶的孔压为超孔压。当降雨持时为 4 h、3 h 和 2 h 工况，边坡的坡顶孔压为负超孔压，坡底的孔压为超孔压。当降雨持时从 5 h 减小到 4 h 时，坡顶的孔压减小，坡顶的孔压增加。当降雨持时从 4 h 减少到 2 h 时，边坡的坡顶和坡底的孔压逐渐减小（坡顶孔压为负超孔压逐渐加大）。

降雨持时不同，不同坡度对应的边坡坡顶和坡底孔压不同。当降雨持时为 5 h 时，坡度为 30° 的边坡坡顶和坡底孔压最大，坡度为 60° 的边坡坡顶和坡底孔压最小；当降雨持时为 4 h 时，坡度为 30° 的边坡坡顶孔压最大，坡度为 45° 的边坡坡顶孔压最小，坡度为 45° 的边坡坡底孔压最大，坡度为 60° 的边坡坡底孔压最小；当降雨持时为 3 h 和 2 h 时，坡度为 30° 的边坡坡顶和坡底孔压最大，坡度为 45° 的边坡坡顶和坡底孔压最小。

3. 降雨持时和强度共同作用对边坡的影响研究

当降雨量为 6 mm 时，对于降雨强度 2 mm/h 降雨持时 3 h 工况和降雨强度 3 mm/h 降雨持时 2 h 工况，坡度为 30° 和 45° 的边坡，降雨强度 2 mm/h 降雨持时 3 h 工况作用下，边坡的最大位移大于降雨强度 3 mm/h 降雨持时 2 h 工况的位移，坡度为 60° 的边坡，边坡的最大位移小于降雨强度 3 mm/h 降雨持时 2 h 工况的位移；坡度为 30° 和 60° 的边坡，降雨强度 2 mm/h 降雨持时 3 h 工况作用下，边坡的坡顶和坡底孔压小于降雨强度 3 mm/h 降雨持时 2 h 工况的孔压情况，坡度为 60° 的边坡，坡度为 45° 的边坡，降雨强度 2 mm/h 降雨持时 3 h 工况作用下，边坡的坡顶和坡底孔压大于降雨强度 3 mm/h 降雨持时 2 h 工况的孔压情况。

当降雨量为 12 mm 时，对于降雨强度 4 mm/h 降雨持时 3 h 工况和降雨强度 3 mm/h 降雨持时 4 h 工况，坡度为 30°、45° 和 60° 的边坡，降雨强度 4 mm/h 降雨持时 3 h 工况作用下，边坡的最大位移大于降雨强度 3 mm/h 降雨持时 4 h 工况的位移；坡度为 30° 和 60° 的边坡，降雨强度 4 mm/h 降雨持时 3 h 工况作用下，边坡坡顶和坡底的孔压小于降雨强度 3 mm/h 降雨持时 4 h 工况的孔压；坡度为 45° 的边坡，降雨强度 4 mm/h 降雨持时 3 h 工况作用下，边坡坡顶和坡底的孔压大于降雨强度 3 mm/h 降雨持时 4 h 工况的孔压。

当降雨量为 15 mm 时，对于降雨强度 4 mm/h 降雨持时 5 h 工况和降雨强度 3 mm/h 降雨持时 5 h 工况，坡度为 30° 和 60° 的边坡，边坡的最大位移、坡顶和坡底的孔压的变化规律和当降雨量为 12 mm 时，降雨强度 4 mm/h 降雨持时 3 h 工况和降雨强度 3 mm/h 降雨持时 4 h 工况的变化规律一致。对于坡度为 45° 的边坡，降雨强度 5 mm/h 降雨持时 3 h 工况作用下，边坡的最大位移小于降雨强度 3 mm/h 降雨持时 5 h 工况的位移；降雨强度 5 mm/h 降雨持时 3 h 工况作用下，边坡的坡顶孔压小于强度 3 mm/h 降雨持时 5 h 工况的孔压，而边坡的坡底孔压大于强度 3 mm/h 降雨持时 5 h 工况的孔压。

可以看出，当降雨量相同时，降雨持时和降雨强度对边坡位移和孔压的发展存在影响，并且随着边坡坡度的变化而变化。

4. 降雨雨型影响研究

图 5-11 为分析不同坡度的边坡采用 4 个不同降雨雨型（前峰型、后峰型、中峰型和均匀型）的降雨量 - 时程作用下边坡位移的结果。降雨强度为 3 mm/h，降雨总量为 9 mm。采用不同雨型对坡度为 30° 的边

坡进行降雨作用时，发现均匀型雨型工况下边坡位移最大，中峰型雨型工况次之，后峰型雨型工况最小；采用不同雨型对坡度为 45° 的边坡进行降雨作用时，发现后峰型雨型工况下边坡位移最大，中峰型雨型工况次之，均匀型雨型工况最小；采用不同雨型对坡度为 60° 的边坡进行降雨作用时，发现中峰型雨型工况下边坡位移最大，后峰型雨型工况次之，均匀型雨型工况最小。

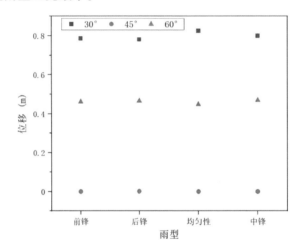

图 5-11　不同降雨雨型对边坡位移的影响

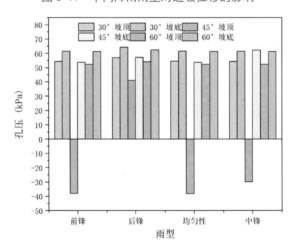

图 5-12　不同降雨雨型对边坡孔压的影响

图 5-12 为分析不同坡度的边坡采用 4 个不同降雨雨型（前峰型、后峰型、中峰型和均匀型）的降雨量 - 时程作用下边坡孔压的结果。降雨强度为 3 mm/h，降雨总量为 9 mm。对于坡度为 30° 的边坡，对于边坡坡顶和坡底孔压，后峰型雨型工况坡顶和坡底孔压最大，均匀型雨型工况次之，前峰型雨型工况最小。

对于 45° 边坡坡顶孔压，后峰型雨型工况下坡顶孔压最大，中峰型雨型工况次之，均匀型雨型工况最小；对于边坡坡底孔压，中峰型雨型工况下坡底孔压最大，后峰型雨型工况次之，均匀型雨型工况最小。

对于 60° 边坡坡顶和坡底孔压，后峰型雨型工况坡顶和坡底孔压最大，均匀型雨型工况次之，前峰型雨型工况最小。

可以看出，采用不同雨型对边坡进行降雨作用时，不同坡度的边坡位移和孔压变化的规律存在差异。

5. 渗透系数影响研究

图 5-13 所示为分析不同渗透系数（0.025 m/h、0.020 m/h、0.015 m/h 和 0.010 m/h）的马兰黄土在采用均匀雨型的降雨量 - 时程作用下边坡位移的结果。降雨强度为 3 mm/h，降雨持时为 3 h。对于坡度为 30° 的边坡，当渗透系数从 0.025 m/h 减小到 0.015 m/h，边坡的最大位移逐渐减小，当渗透系数从 0.015 m/h 减小到 0.010 m/h，边坡的最大位移增加。对于坡度为 45° 的边坡，当渗透系数从 0.025 m/h 减小到 0.020 m/h，边坡的最大位移减小，当渗透系数从 0.020 m/h 减小到 0.015 m/h，边坡的最大位移增加，当渗透系数从 0.015 m/h 减小到 0.010 m/h，最大位移减小。对于坡度为 60° 的边坡，当渗透系数从 0.025 m/h 减小到 0.020 m/h，边坡的最大位移增加，当渗透系数从 0.020 m/h 减小到 0.015 m/h，边坡的最大位移减小，当渗透系数从 0.015 m/h 减小到 0.010 m/h，最大位移增加。

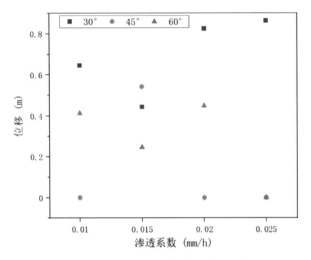

图 5-13　渗透系数对边坡位移的影响

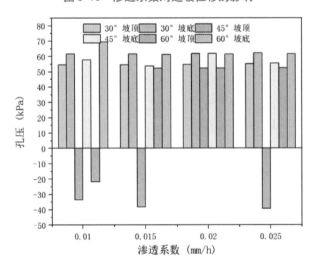

图 5-14　渗透系数对边坡孔压的影响

图 5-14 为分析不同渗透系数（0.025 m/h、0.020 m/h、0.015 m/h 和 0.010 m/h）的马兰黄土在采用均匀雨型的降雨量 – 时程作用下边坡孔压的结果。降雨强度为 3 mm/h，降雨持时为 3 h。对于坡度为 30° 的边坡，边坡的坡顶和坡底孔压，当渗透系数从 0.025 m/h 减小到 0.010 m/h，边坡的坡顶和坡底孔压逐渐增加。对于坡度为 45° 的边坡，当渗透系数

从 0.025 m/h 减小到 0.020 m/h，边坡的孔压逐渐减小，当渗透系数从 0.020 m/h 减小到 0.015 m/h，边坡的孔压增加，当渗透系数从 0.015 m/h 减小到 0.010 m/h，孔压减小。对于坡度为 60° 的边坡，当渗透系数从 0.025 m/h 减小到 0.020 m/h，当渗透系数从 0.025 m/h 减小到 0.010 m/h，坡顶和坡底的孔压逐渐增加。

第 6 章 降雨类型及间歇性对黄土边坡稳定性的研究

从上一章的分析结果来看，降雨类型对边坡的位移和孔压有较大的影响，本章节以实际黄土边坡为研究对象，根据现场所获取的工程地质数据，参照当地的水文气象站资料，选择暴雨工况（120 mm/d），将降雨类型选择为均匀型、前锋型、中锋型、后锋型、前峰 1/4 型、后峰 3/4 型和不均匀型，进一步研究降雨类型和降雨间歇性对黄土边坡稳定性的影响。

6.1 工程概况及数值模型

所研究滑坡位于甘肃省东部，庆阳市南部。不稳定斜坡总体呈东南至西北向展布，坡向近东南向，斜坡宽约 150 m，坡高 70 m。斜坡平面形态总体呈"L"形，整体坡度剖面几乎相同，坡度角约为 32°，主要为马兰黄土及离石黄土，临空面较发育，下部坡度约 40°～60°，呈上陡下缓。边坡主要为马兰黄土和离石黄土，自由面较发育。坡体上部为马兰黄土，呈黄褐色，厚度为 8～11 米。坡体下部为中更新统黏土，层厚约 40 m。坡体底部为下更新统吴城黄土。该部分岩性为黏土粉砂，出露厚度为 13 m。图 6-1 显示了本研究中调查的黄土斜坡断面图，斜坡概况如表 6-1 所示。

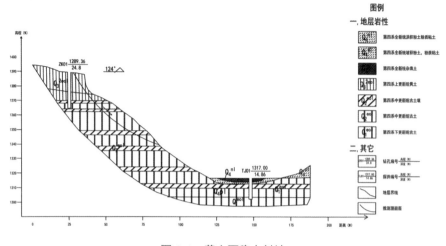

图 6-1　黄土不稳定斜坡

表 6-1　边坡概况

	边坡要素
坡高（m）	63.5
坡长（m）	146.0
坡角（°）	32.0
土体	马兰黄土，离石黄土，午城黄土
最大年降雨量（mm）	791.0
最小年降雨量（mm）	338.0
最大日降雨量（mm）	190.2

　　根据地质勘查，土体共分为 3 层，依次为马兰黄土、离石黄土和午城黄土，各地层土体参数见表 6-2。采用有限元软件 Abaqus 建立边坡降雨入渗数值模型（如图 6-2 所示），设置 3 个监控单元 A（坡顶），B（坡中间）和 C（坡底）。单元采用 C3 D8 RP 孔压单元，共 18000 个网格单元本工程降雨参数。参照水文气象站资料，以 30 年一遇暴雨来设计降雨量，降雨类型选择为前锋型、中锋型、后锋型、均匀型、前峰 1/4 型、后峰 3/4 型和不均匀型（真实降雨工况）7 种类型（图 6-3），总降雨量为 280 mm，降雨时长为 24 h，降雨工况如表 6-3 所示。

表 6-2　边坡土体材料参数

材料	饱和体积含水量	饱和渗透系数（10⁻⁵cm/s）	重度（kN/m³）	黏聚力（kPa）	内摩擦角（°）	φ^b
马兰黄土	0.52	10.22	15.1	22.60	22.95	10.0
离石黄土	0.53	4.34	16.6	38.4	25.26	11.4
午城黄土	0.56	3.83	17.2	41.0	30.15	12.3

降雨边界函数以降雨强度，即单位流通量 q（m/s）表示，并且排除降雨所造成的地表积水现象。降雨的发生并不是局限某一部分，而是对整个边坡都有作用，所以降雨入渗分析是以整个边坡坡顶及坡面都受到降雨作用来进行的。分析时间表现方式采用阶梯函数形式，降雨强度为 1.25×10⁻⁴ cm/s（相当于 0.05 m/h），历时 24 h，达到的累积降雨量为 120 mm。

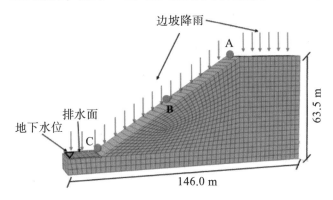

图 6-2　边坡数值模型图

表 6-3　降雨工况表

工况	降雨雨型	降雨时间（h）	1h 最大降雨量（mm）	总降雨量（mm）
1	前峰	24	5	120
2	中峰	24	5	120
3	后峰	24	5	120
4	均匀型	24	5	120
5	前峰 1/4	24	5	120
6	后峰 3/4	24	5	120
7	不均匀型	24	120	120

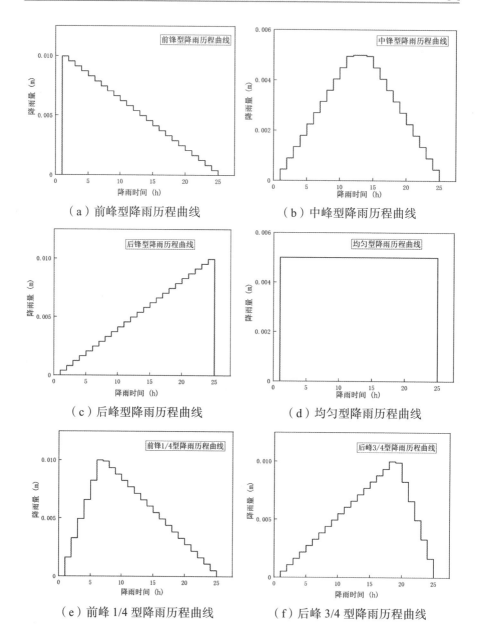

（a）前峰型降雨历程曲线　　　　　（b）中峰型降雨历程曲线

（c）后峰型降雨历程曲线　　　　　（d）均匀型降雨历程曲线

（e）前峰 1/4 型降雨历程曲线　　　（f）后峰 3/4 型降雨历程曲线

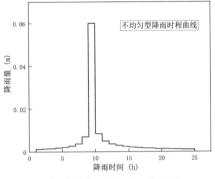

（g）不均匀型降雨历程曲线

图 6-3　不同降雨雨型示意图

6.2 结果与分析

6.2.1 不同降雨雨型对边坡稳定性的影响

表 6-4 和表 6-5 分别为不同雨型在降雨中和在降雨结束时参考点的最大孔压情况。可以看出，坡顶参考点 A 的孔压一直为 0，采用不均匀雨型降雨，参考点 B 和 C 的孔压最大，采用中峰雨型降雨，参考点 B 和 C 的孔压最小，其中，对于降雨过程中参考点 B 和 C 的孔压，最大孔压和最小孔压分别相差 427.7% 和 292.5%。不同降雨雨型造成降雨过程中边坡参考点 B 和 C 的孔压从小到大依次为：中峰型、均匀型、前峰型、前峰 1/4 型、后峰 3/4 型、后峰型、不均匀型。

表 6-4　不同雨型降雨过程中边坡参考点孔压最大值

参考点孔压（kPa）	均匀型	不均匀型	后峰 3/4 型	后峰型	前峰 1/4 型	前峰型	中峰型
A	0	0	0	0	0	0	0
B	44	200.0	70.1	72.6	66.7	61.4	37.9
C	125	473.0	207.3	205.2	202.3	196.8	120.5

降雨结束后，采用后峰雨型降雨，参考点 B 和 C 的孔压最大，采

用中锋雨型降雨，参考点 B 和 C 的孔压最小，其中，对于降雨过程中参考点 B 和 C 的孔压，最大孔压和最小孔压分别相差 554.1% 和 171.6%。对于均匀型和后峰型降雨，边坡参考点的孔压最大值均发生在降雨结束后，而其他的雨型降雨时，边坡参考点的孔压最大值均发生在降雨过程中，这种现象是由于降雨后期，边坡排水量大于边坡降雨的入渗量。降雨结束后，边坡参考点孔压和降雨过程中边坡参考点 B 和 C 的孔压最大相差分别为 780.4% 和 1043.5%，发生在不均匀降雨雨型工况。不同降雨雨型造成降雨结束后边坡参考点 B 和 C 的孔压从小到大依次为：中峰型、前峰型、前峰 1/4 型、不均匀型、后峰 3/4 型、均匀型、后峰型。

表 6-5   不同雨型降雨结束后边坡参考点孔压

参考点孔压（kPa）	均匀型	不均匀型	后峰 3/4 型	后峰型	前峰 1/4 型	前峰型	中峰型
A	0	0	0	0	0	0	0
B	44	20.4	25.0	72.6	16.9	15.4	11.1
C	125	41.4	55.4	205.2	27.5	23.5	20.4

表 6-6   不同雨型降雨过程中边坡参考点水平位移最大值

参考点水平位移（mm）	均匀型	不均匀型	后峰 3/4 型	后峰型	前峰 1/4 型	前峰型	中峰型
A	1.0	0.9	1.0	1.0	1.0	1.0	0.7
B	1.6	4.1	1.6	1.7	1.5	1.4	0.9
C	1.71	6.5	2.82	2.83	2.81	2.80	1.70

表 6-7   不同雨型降雨结束后边坡参考点水平位移

参考点水平位移（mm）	均匀型	不均匀型	后峰 3/4 型	后峰型	前峰 1/4 型	前峰型	中峰型
A	1.0	0.7	1.0	0.9	0.7	0.9	0.6
B	1.6	0.7	0.7	1.7	0.5	0.5	0.3
C	1.71	0.3	0.6	2.83	0.22	0.24	0.21

表 6-6 和表 6-7 分别为不同雨型在降雨中和在降雨结束时参考点的水平位移情况。可以看出，坡顶参考点 A 的水平位移最小，坡底参考点 C 的水平位移最大。采用不均匀雨型降雨，边坡参考点 B 和 C 的水平位移最大，采用中峰雨型降雨，边坡参考点 A、B 和 C 的水平位移最小，其中，对于降雨过程中边坡参考点 B 和 C 的水平位移，最大水平位移和最小水平位移分别相差 355.6% 和 282.4%，不同降雨雨型的降雨过程中边坡参考点 A 的水平位移相差不大。不同降雨雨型造成降雨过程中边坡参考点 B 的水平位移从小到大依次为：中峰型、前峰型、前锋 1/4、均匀型和后峰 3/4 型、后峰型、不均匀型；降雨过程中边坡参考点 C 的水平位移从小到大依次为：中峰型、均匀型、前峰型、前锋 1/4、后峰 3/4 型、后峰型、不均匀型。

当降雨结束后，采用后峰雨型降雨，边坡参考点 B 和 C 的水平位移最大，采用中锋雨型降雨，边坡参考点 B 和 C 的水平位移最小，其中，对于降雨过程中边坡参考点 B 和 C 的水平位移，最大水平位移和最小水平位移分别相差 466.7% 和 1233.3%。对于均匀型和后峰型降雨，边坡参考点的水平位移最大值均发生在降雨结束后，而其他的雨型降雨时，边坡参考点的水平位移最大值均发生在降雨过程中，这种现象是由于降雨后期，边坡排水量大于边坡降雨的入渗量。降雨结束后和降雨过程中边坡参考点 B 和 C 的水平位移最大相差分别为 485.7% 和 2066.7%，均发生在不均匀降雨雨型工况。

表 6-8　不同雨型降雨过程中边坡参考点纵向位移最大值

参考点纵向位移（mm）	不均匀型	后峰 3/4 型	后峰型	前峰 1/4 型	前峰型	中峰型
A	0.6	0.6	0.6	0.6	0.6	0.5
B	3.6	2.6	2.8	2.3	2.2	1.4
C	29.4	13.3	13.9	12.8	12.0	7.5

表6-9　不同雨型降雨过程中边坡参考点纵向位移最终位移

参考点纵向位移（mm）	均匀型	不均匀型	后峰 3/4 型	后峰型	前峰 1/4 型	前峰型	中峰型
A	0.6	0.6	0.6	0.4	0.5	0.6	0.4
B	2.4	2.5	2.2	2.8	2.2	2.1	1.3
C	9.0	4.2	5.2	13.9	3.6	3.3	2.5

表6-8和表6-9分别为不同雨型在降雨中和在降雨结束时参考点的纵向位移情况。可以看出，坡顶参考点 A 的纵向位移最小，坡底参考点 C 的纵向位移最大。采用不均匀雨型降雨，边坡参考点 B 和 C 的纵向位移最大，采用中锋雨型降雨，边坡参考点 A、B 和 C 的纵向位移最小，其中，对于降雨过程中边坡参考点 B 和 C 的水平位移，最大纵向位移和最小纵向位移分别相差157.1%和292.0%，不同降雨雨型的降雨过程中边坡参考点 A 的纵向位移相差不大。不同降雨雨型造成降雨过程中边坡参考点 B 的纵向位移从小到大依次为：中峰型、前峰型、前锋1/4、均匀型和后峰3/4型、后峰型、不均匀型；降雨过程中边坡参考点 C 的纵向位移从小到大依次为：中峰型、均匀型、前峰型、前锋1/4、后峰3/4型、后峰型、不均匀型。

当降雨结束后，采用后峰雨型降雨，边坡参考点 B 和 C 的纵向位移最大，采用中锋雨型降雨，边坡参考点 B 和 C 的纵向位移最小，其中，对于降雨过程中边坡参考点 B 和 C 的纵向位移，最大纵向位移和最小纵向位移分别相差115.4%和456.0%。对于均匀型和后峰型降雨，边坡参考点的纵向位移最大值均发生在降雨结束后，而其他的雨型降雨时，边坡参考点的水平位移最大值均发生在降雨过程中，这种现象是由于降雨后期，边坡排水量大于边坡降雨的入渗量造成的。降雨结束后和降雨过程中边坡参考点 B 和 C 的纵向位移最大相差分别为44.0%和600.0%，均发生在不均匀降雨雨型工况。综上分析，后峰型降雨对边坡的位移和孔压影响最大，因为边坡的降雨强度小于边坡的渗透强度，雨水全部入渗，导致边坡的位移和孔压的响应随着降雨强度的加大而加大，而不均匀型降雨在降雨第 9～10 h 之间降雨强度较大，此时边坡的孔压和位移最大，但随后降雨强度较小，孔压也随之开始消散。

6.2.2 不同降雨时间间隔对边坡稳定性的影响

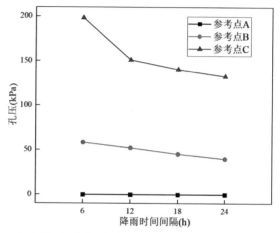

（a）降雨不同时间间隔边坡参考点孔压最大值

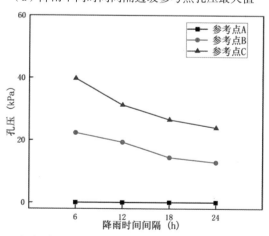

（b）降雨不同时间间隔边坡参考点孔压终值

图 6-4　降雨不同时间间隔边坡参考点孔压情况

图 6-4 至图 6-6 为采用中锋雨型在降雨 24 h 后间隔一定时间再降

雨 24 h 过程中和降雨结束后边坡参考点的最大孔压、水平位移和纵向位移情况。可以看出，当采用中峰型连续降雨时，间隔时间越短，降雨过程中边坡参考点的孔压、水平位移、纵向位移越大。降雨结束之后，间隔时间越短，边坡参考点的孔压、水平位移、纵向位移越大。同时，边坡的连续降雨导致边坡参考点的最大孔压、水平位移和纵向位移大于单次降雨情况。对于边坡参考点 B 和 C 的孔压，降雨过程中，降雨间隔 6 h 相比降雨间隔 24 h，最大孔压分别相差 46.5% 和 49.4%；降雨结束后，降雨间隔 6 h 相比降雨间隔 24 h，孔压分别相差 74.2% 和 66.1%。在降雨过程中，边坡参考点的孔压从最大值到降雨结束后的孔压，对于边坡参考点 B 和 C，最大分别相差 161.4% 和 399.2%，均发生在降雨间隔 6 h 工况。

对于边坡参考点 A、B 和 C 的水平位移，降雨过程中，降雨间隔 6 h 相比降雨间隔 24 h，最大水平位移分别相差 16.4%、37.8% 和 32.0%；降雨结束后，降雨间隔 6 h 相比降雨间隔 24 h，水平位移分别相差 74.2%、25.8% 和 66.1%。在降雨过程中，边坡参考点的水平位移从最大值到降雨结束后的水平位移，对于边坡参考点 A、B 和 C，最大分别相差 16.7%、246.1% 和 624.2%，参考点 A 水平位移相差最大时发生在降雨间隔 24 h 工况，参考点 B 和 C 水平位移相差最大时发生在降雨间隔 6 h 工况。

对于边坡参考点 A、B 和 C 的纵向位移，降雨过程中，降雨间隔 6 h 相比降雨间隔 24 h，最大水平位移分别相差 19.2%、8.5% 和 3.7%；降雨结束后，降雨间隔 6 h 相比降雨间隔 24 h，纵向位移分别相差 19.5%、16.7% 和 18.7%。在降雨过程中，边坡参考点的水平位移从最大值到降雨结束后的纵向位移，对于边坡参考点 A、B 和 C，最大分别相差 26.5%、6.8% 和 200.0%，参考点 A 纵向位移相差最大时发生在降雨间隔 6 h 工况，参考点 B 和 C 水平位移相差最大时发生在降雨间隔 24 h 工况。

对于降雨间歇 6 h 工况，相比于未考虑间歇性降雨，边坡参考点 C 点的孔压、水平位移和纵向位移分别相应增加 65.0%、40.6% 和 4.0%，所以间歇性降雨会降低边坡的稳定性。

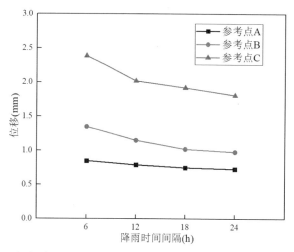

（a）降雨不同时间间隔边坡参考点水平位移最大值

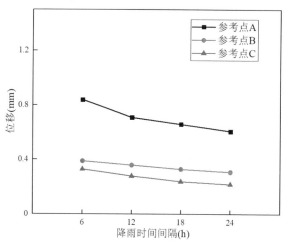

（b）降雨不同时间间隔边坡参考点水平位移终值

图 6-5　降雨不同时间间隔边坡参考点水平位移情况

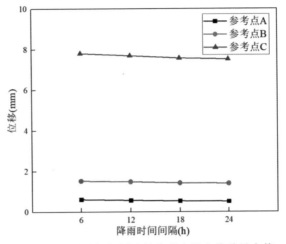

（a）降雨不同时间间隔边坡参考点纵向位移最大值

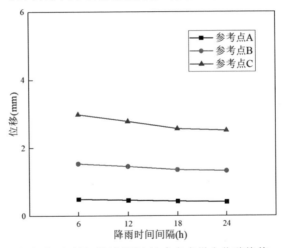

（b）降雨不同时间间隔边坡参考点纵向位移终值

图 6-6　降雨不同时间间隔边坡参考点纵向位移情况

6.2.3 不同降雨雨型条件下的间歇性降雨对边坡稳定性的影响

表 6-10 至表 6-13 分别为采用不同雨型在降雨 24 h 后间隔 12 h 后再降雨 24 h 过程中和降雨结束后边坡参考点的最大孔压、水平位移和纵向位移情况。

可以看出，在降雨过程中，采用后峰雨型降雨，边坡参考点 B 和 C 的孔压最大，采用中峰雨型降雨，边坡参考点 B 和 C 的孔压最小，其中，对于降雨过程中边坡参考点 B 和 C 的孔压，最大孔压和最小孔压分别相差 48.7% 和 44.6%。不同降雨雨型造成降雨过程中边坡参考点 B 和 C 的孔压从小到大依次为：均匀型、中峰型、前峰型和后峰型。降雨结束后，采用后峰雨型降雨，边坡参考点 B 和 C 的孔压最大，采用前峰雨型降雨，边坡参考点 B 和 C 的孔压最小，其中，对于降雨结束后边坡参考点 B 和 C 的孔压，最大孔压和最小孔压分别相差 301.6% 和 749.4%。降雨结束后，边坡参考点 C 的孔压从小到大依次为：前峰型和中峰型、均匀型、后峰型。相比于未间歇性降雨，间歇性连续降雨时，采用不同降雨雨型造成降雨过程中边坡参考点 B 和 C 的最大孔压从小到大的顺序发生了改变，而降雨结束后，参考点孔压大小的顺序没有发生改变。

表 6-10　采用不同降雨雨型时降雨过程中边坡参考点孔压最大值

参考点孔压（kPa）	前峰	中锋	后峰	均匀
A	0	0	0	0
B	68.6	52.1	77.5	48
C	202.3	151.0	218.3	136

表 6-11　采用不同降雨雨型时降雨结束后边坡参考点孔压

参考点孔压（kPa）	前峰	中锋	后峰	均匀
A	0	0	0	0
B	19.3	19.3	77.5	48
C	25.7	31.2	218.3	136

表 6-12 不同降雨雨型时降雨过程中边坡参考点水平位移最大值

参考点水平位移（mm）	前峰	中锋	后峰	均匀
A	1.1	0.79	1.2	1.1
B	1.5	1.15	1.9	1.7
C	2.9	2.02	2.99	1.9

表 6-13 采用不同降雨雨型时降雨结束后边坡参考点水平位移

参考点水平位移（mm）	前峰	中锋	后峰	均匀
A	0.9	0.71	1.1	1.1
B	0.6	0.36	1.9	1.7
C	0.3	0.28	2.99	1.9

由表 6-14 可以看出，在降雨过程中和降雨结束后，采用后峰雨型降雨，边坡参考点 A、B 和 C 的水平位移最大，采用中锋雨型降雨，边坡参考点 A、B 和 C 的水平位移最小，其中，对于降雨过程中边坡参考点 A、B 和 C 的水平位移，最大水平位移和最小水平位移分别相差51.9%、65.2% 和 48.0%。降雨结束后边坡参考点 A、B 和 C 的水平位移，最大水平位移和最小水平位移分别相差 54.9%、427.8% 和 967.9%。不同降雨雨型造成降雨过程中边坡参考点 A 和 B 的水平位移从小到大依次为：中峰型、前峰型、均匀型和后峰型；降雨过程中边坡参考点 C 的水平位移从小到大依次为：均匀型、中峰型、前峰型和后峰型。不同降雨雨型造成降雨结束后边坡参考点 A、B 和 C 的水平位移从小到大依次为：中峰型、前峰型、均匀型和后峰型。

表 6-14 采用不同降雨雨型时降雨过程中边坡参考点纵向位移最大值

参考点纵向位移（mm）	前峰	中锋	后峰	均匀
A	0.8	0.58	0.8	0.8
B	2.6	1.49	3.2	2.8
C	13.9	7.70	15.1	10.3

表 6-15　采用不同降雨雨型时降雨结束后边坡参考点纵向位移

参考点纵向位移（mm）	前峰	中锋	后峰	均匀
A	0.7	0.46	0.8	0.8
B	2.5	1.45	3.2	2.8
C	4.5	2.78	15.1	10.3

由表 6-15 可以看出，在降雨过程中，采用后峰雨型降雨，边坡参考点 A、B 和 C 的纵向位移最大，采用中峰雨型降雨，边坡参考点 A、B 和 C 的纵向位移最小，其中，对于降雨过程中边坡参考点 A、B 和 C 的纵向位移，最大纵向位移和最小纵向位移分别相差 37.9%、114.8% 和 96.1%，降雨结束后边坡参考点 A、B 和 C 的纵向位移，最大纵向位移和最小纵向位移分别相差 73.9%、120.7% 和 1232.0%。不同降雨雨型造成降雨过程中边坡参考点 A 和 B 的纵向位移从小到大依次为：中峰型、前峰型、均匀型和后峰型；降雨过程中边坡参考点 C 的纵向位移从小到大依次为：均匀型、中峰型、前峰型和后峰型。不同降雨雨型造成降雨结束后边坡参考点 A、B 和 C 的纵向位移从小到大依次为：中峰型、前峰型、均匀型和后峰型。当间歇性降雨时，不同雨型对边坡参考点位移的影响大于未考虑间歇性降雨的情况，特别是纵向位移。

第7章 黄土及改性黄土的力学性能研究

由于抗疏力改性土所形成的基质材料和种子需要与水混合并喷洒在黄土边坡上，因此在黄土力学性能试验中使用重塑黄土。用 0%～2.46% 的抗疏力土壤固化剂对湿陷性黄土进行改性，并对改性黄土进行了固结试验、压缩试验、湿陷性试验和强度试验。此外，对改性前后的黄土进行了 X 射线衍射（XRD）、扫描电镜（SEM）和压汞试验。

7.1 试验方案

7.1.1 研究材料

1. 黄土

以陇东地区非饱和马兰黄土为研究土壤。原状黄土的物理性质如表 7-1 所示，黄土具有湿陷性。

表 7-1　原状黄土物理性质

天然密度（g.cm⁻³）	干密度（g.cm⁻³）	含水量（%）	饱和含水量（%）	比重	孔隙比	塑限（%）	液限（%）	压缩系数（MPa⁻¹）	湿陷性系数
1.61	1.44	11.32	50.39	2.71	0.84	18.5	30.5	0.43	0.078

黄土的颗粒组成总体上以粉粒为主，粉粒含量占 79%，土壤比重为 2.71，液限为 30.5%，塑限指数位为 18.5%，最大干密度为 1.82 g/cm³，最优含水量为 15.05%。使用筛分法所获得土壤颗粒级配曲线如图 7-1 所示。

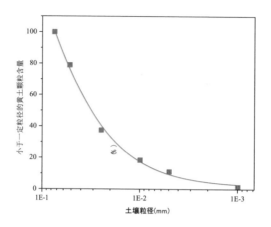

图 7-1　黄土颗粒级配曲线

2. 固化剂

试验采用抗疏力土壤固化剂。抗疏力固化剂包括水剂 Consolid444（简写为 C444）和粉剂 Solidry（简写为 SD）两种材料。C444 是一种半黏性液体，由单体和聚合物与加速渗透的催化剂混合而成，它可以破坏土壤颗粒周围黏附的水膜，导致细颗粒的不可逆团聚，从而提高了土壤细颗粒的天然结合力，并通过交换土壤颗粒上的电化学负载而导致粉末的不可逆团聚。SD 是一种干燥的无机化学物质，通过关闭毛细管防止处理过的黄土浸水，可以更好地对土样进行压实，减小孔隙，使改性黄土的吸水能力大大降低，从而阻止了黄土的湿陷行为。

通过测定 2.46% 抗疏力改性土样的浸出液的 pH 值，确定铜、锌、砷、汞、铅、铬、铁、锰、铝等 11 项元素的含量。由表 7-2 可以看出，其浸出液符合《农田灌溉水质标准》（GB 5084—2021）的规定，因此，抗疏力固化剂是一种环境友好型的固化材料。浸出液的 pH 值为 8.07。

表 7-2　改性黄土浸出液的测定元素（mg/kg）

	铜	锌	砷	汞	铅	铬	铁	锰	铝
含量	0.001	0.02	0.0015	0.00009	0.002	0.012	0.03	0.01	0.008

7.1.2 试验方法

1. 重塑黄土物理力学性能试验

（1）不同干密度黄土的三轴试验。试验选取 1.45 g/cm³、1.50 g/cm³、1.55 g/cm³、1.60 g/cm³ 四种不同干密度方案，配制初始孔隙比均为 0.80 的重塑黄土三轴试样。试样直径 6.18 cm，试样高度 12.5 cm，进行固结不排水试验。采用设备为国产全自动应力应变三轴仪 TSZ-1。

（2）渗透试验。试验选取干密度 1.45 g/cm³、干密度 1.50 g/cm³、干密度 1.55 g/cm³、干密度 1.60 g/cm³ 四种方案，配置重塑黄土三轴试样，试样直径 5 cm，试样高度 10 cm，进行渗透试验。模拟水头为 40 kPa，每下降 10 kPa，记录时间并测定不同时间的排水量。

（3）黄土土 – 水特征曲线（脱湿曲线）。干密度 1.45 g/cm³、干密度 1.50 g/cm³、干密度 1.55 g/cm³、干密度 1.60 g/cm³ 四种方案，配置重塑黄土三轴试样，试样直径 6.18 cm，试样高度 2 cm。施加气压为 0 kPa，25 kPa，50 kPa，75 kPa，100 kPa，125 kPa，150 kPa，175 kPa，200 kPa，通过测量管，测定在各气压条件下的排水量。

2. 改性黄土的物理力学性能及微观特征试验

（1）改性黄土试样的制备。根据《土工试验方法标准》（GB/T 50123—2019），将磨碎的干燥黄土样品通过 2 mm 的筛子；将水均匀地喷洒在样品上，并放置一晚。然后将土样与 SD 均匀混合，根据所需的含水量，用量筒量出所需的水量和液剂，将液剂倒入水中充分搅匀，然后倒入上述混合样内。经过充分拌合，得到指定密度的抗疏力改性黄土。根据试验设计，使用不同的 SD 重量：黄土重量的 0%、0.40%、0.80%、1.20%、1.60%、2.00% 和 2.40%，C444 的重量相当于黄土重量的 0.06%。

（2）最佳含水量和干密度试验。根据《土工试验方法标准》（GB/T 50123—2019），通过不同固化剂掺量改性黄土样品的标准击实试验，击实次数设定为 24 次，根据原状黄土的液限和塑限，对不同配比的固化土设定 5 组不同掺量的试样进行试验，击实完成后，在脱模前称重，并取中部土样确定含水量。最后，通过含水量与干密度的拟合曲线推求最佳含水量和干密度。

（3）改性黄土湿陷系数试验。按规范所规定的黄土湿陷试验中湿陷系数试验所规定的方法，加压等级为 50 kPa，100 kPa，150 kPa 和 200 kPa，在施加每级压力后，每 1 h 读数 1 次，直到变形稳定。在试样在 200 kPa 压力稳定后，向固结容器内注入蒸馏水，水面高于试样顶面。在试样过程中，通过注水保持水面稳定，并每隔 1 h 测定一次变形，直至试样变形稳定。

（4）改性黄土力学性质试验。根据《土工试验方法标准》（GB/T 50123—2019），对改性黄土进行了剪切试验和无侧限抗压强度试验（养护 7 天）。应变控制式直剪试验采用标准剪切试验程序进行。将改性黄土样品置于剪切试验装置（中国南京 DZJ-1 型南京土壤试验机）中。作用在样品上的垂直压力为 50 kPa、100 kPa、150 kPa 和 200 kPa，每个试样做 3 次重复。以 0.8 mm/min 的速度施加水平位移，直到试样破坏，记录峰值剪切力。然后利用莫尔－库仑破坏包络线计算改性土的黏聚力和内摩擦角。无侧限抗压强度试样尺寸为 3.91 cm×8 cm。并将样品置于应变控制三轴仪（TSZ-1 A，中国）中，以 0.5 mm/min 的速度施加垂直位移，直到试样破坏，记录应力峰值。

（5）改性黄土的微观结构特征。通过 X 射线衍射分析了改性黄土样品的矿物组成。所分析样品掺量分别为 0% 和 2.46%。利用 Geminisem 300 扫描电镜的 inlens 探针，研究了不同掺量（0%、0.86%、1.66% 和 2.46%）改性黄土的微观结构。改性样品的孔径和孔分布由 Mircometrics Instrument Corporation 生产的 Autopore IV 9500 压汞仪测定。其最大压力可达 415 MPa，孔径测量范围为 3 nm ～ 360 μm。试验分两个阶段进行。首先，手动施加低压从 0.003 MPa 到 0.21 MPa，然后自动施加高压从 0.21 MPa 到 242 MPa。低压施加结束后，从低压室中取出样品，测定其质量，然后进行高压试验。试验中设定的接触角为 130°，平衡时间为 30 s。

7.1.3 仪器设备

针对试验内容，所用到的试验设备如表 7-3 所示。

表 7-3 试验所用设备

设备名称	型号	产地
全自动应力应变三轴仪	TSZ-1	中国
土水特征曲线压力固结仪	CC-150A	中国
三轴应力土工材料渗透测试系统	TWJ-1	中国
单杠杆固结仪	WG	中国
场发射扫描式电子显微镜	Geminisem 300	德国
X 射线粉末衍射仪	D8 Advance	德国
压汞仪	AutoPore V9605	美国

7.2 结果与分析

7.2.1 黄土力学特性研究

1. 不同密度下黄土的固结不排水试验

通过对不同密度黄土的固结不排水三轴试验，得到了土体应变与应力的关系曲线图（图 7-2），分析计算了不同密度下的土壤黏聚力和内摩擦角（表 7-4）。由表 7-4 可以看出，干密度的增加使土壤的孔隙比减小，使土壤的黏结力增强，颗粒间的孔隙减小，颗粒与颗粒间的相互作用增强。黏聚力和内摩擦角随着干密度的增加而增加。但土壤内摩擦角的增加速率小于黏聚力的增加速率。

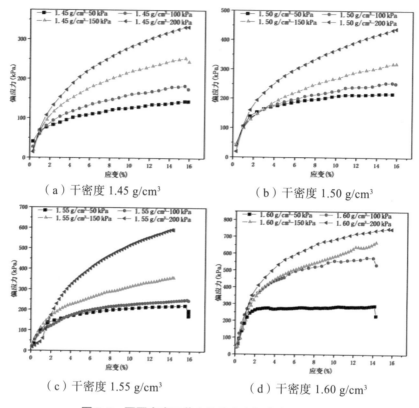

（a）干密度 1.45 g/cm³　　　　　　（b）干密度 1.50 g/cm³

（c）干密度 1.55 g/cm³　　　　　　（d）干密度 1.60 g/cm³

图 7-2　不同密度下黄土的偏应力与应变关系曲线

表 7-4　不同密度黄土抗剪强度指标测定值

干密度（g/cm³）	1.45	1.50	1.55	1.65
黏聚力c（kPa）	22.60	35.4	38.40	41.2
内摩擦角φ（°）	22.95	17.39	25.26	30.15

2. 不同密度黄土的饱和渗透系数

表 7-5 为不同干密度重塑土样的渗透系数，由此表可以看出，随着黄土干密度的增加，黄土渗透系数降低，渗透系数量级在 $10^{-4}\sim10^{-5}$，

表明黄土渗透系数受黄土密实度影响较大。黄土随着干密度的增加，其渗透系数降低，两者之间形成对数函数关系。黄土的高孔隙比和低渗透性对黄土边坡稳定具有积极意义。但是如果由于黄土湿陷导致边坡开裂，降水渗入坡体内，黄土的结构性会很快损失而导致边坡失稳。

表 7-5 黄土干密度与饱和渗透系数表

干密度（g/cm³）	1.45	1.50	1.55	1.60
渗透系数（cm/s）	$1.0220e^{-04}$	$7.8564e^{-05}$	$4.3394e^{-05}$	$3.8292e^{-05}$

3. 不同密度下黄土的土水特征曲线

非饱和黄土孔隙存在着水分，并有着空气存在，形成了水 – 气分界面而产生一定的表面张力，其中的孔隙气压力和水压力有着一定的差值，且前者更大，该差值即为基质吸力，这也是常用来描述非饱和黄土力学性质的参数。通过试验测定了不同干密度的体积含水量与基质吸力的关系曲线（图 7-3）。由图 7-3 可以看出，干密度对黄土基质吸力的影响较小，随着体积含水量的减少，基质吸力增加。大量研究表明，VG 模型对绝大多数土体在相当的含水量范围具有普遍性，对不同干密度的体积含水量和吸力之间的关系进行拟合。

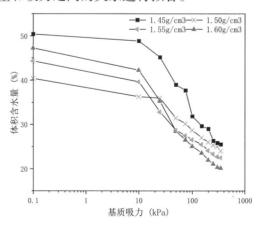

图 7-3 不同干密度体积含水量与基质吸力曲线

VG 模型的表达式为：

$$S_r = S_i + \frac{(S_n - S_i) a_s}{\left[a_s + b_s (u_a - u_w)^{c_s} \right]} \qquad (6-1)$$

式中：S_r 为饱和度、S_i 为残余饱和度、S_n 为最大饱和度；a_s，b_s 为常参数，$u_a - u_w$ 为基质吸力，u_a 为孔隙气压力和 u_w 为孔隙水压力。

4 种干密度下的土水特征曲线 VG 模型拟合参数见表 7-6。从表 7-6 可以看出：干密度 1.45 g/cm³ 对非饱和黄土土 - 水特征曲线模型拟合结果与实际情况相符。

表 7-6 4 种干密度下的 SWCC 曲线拟合参数的拟合结果

拟合参数	干密度（g/cm³）			
	1.45	1.55	1.60	1.65
θ_r（%）	1.02	15.32	1.0390	3.8390
θ_s（%）	47.27	44.45	39.06	50.32
a	0.07	0.09	0.05	0.03
n	1.66	1.61	1.65	1.70
R^2	0.99	0.99	0.93	0.98

4. 非饱和黄土的渗透函数

通过非饱和黄土土 - 水特征曲线获得非饱和黄土的渗透系数，目前依旧被广泛使用，可利用 Child & Collins-Gergore 提出，后经 Marshall 改进的，Kunze 等修正的利用基质吸力计算渗透系数的方法。计算公式如下所示：

$$k_w(\theta_w)_i = \frac{k_s}{k_{sc}} A_d \sum_{j=i}^{m} \left[(2j + 1 - 2i)(u_a - u_w)_j^{-2} \right] \qquad (6-2)$$

$$i = 1, 2, \cdots, m$$

$$A_d = \frac{T_s^2 \rho_w g}{2 \mu_w} \frac{\theta_s^p}{N^2} \qquad (6-3)$$

$$k_{sc} = A_d \sum_{j=i}^{m} \left[\left(2j+1-2i \right) \left(u_a - u_w \right)_j^{-2} \right] \tag{6-4}$$

$$i = 1, 2, \cdots, m$$

式中：$k_w(\theta_w)_i$ 为对应于第 i 个间断编号的等分中点的 $(\theta_w)_i$ 的土壤的渗透系数（m/s）；k_s、k_{sc} 分别为土壤的实测渗透系数（m/s）和计算渗透系数（m/s）；m 为试验所得土壤土水特征曲线沿纵轴（体积含水率轴）等分数目；A_d 为渗透系数的调整常数，单位可由量纲获得；T_s 为水的表面张力（kN/m）；ρ_w 为水的密度（g/cm³）；g 为重力加速度（m/s²）；θ_s 为土壤的饱和含水率（%）；指数 p 为常数，可取 2.0；$N = m \left(\dfrac{\theta_s}{\theta_s - \theta_L} \right)$，$\theta_L$ 为试验所得最小体积含水率；j 为 i 到 m 间的计数值。

按式所计算的不同干密度非饱和黄土的渗透系数曲线如图 7-4 所示。

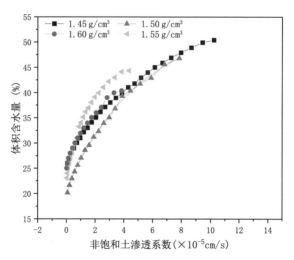

图 7-4　不同干密度非饱和黄土的渗透系数

由此定义渗透系数和基质吸力之间的关系为：

$$k_w = \frac{k_{ws} a_w}{\left[a_w + \left(b_w \left(u_a - u_w \right) \right)^{c_w} \right]} \tag{6-5}$$

式中：k_w 与 k_{ws} 分别为渗透系数和饱和渗透系数；a_w，b_w，c_w 为参数，u_a 与 u_w 为孔隙气压力和孔隙水压力。

7.2.2 改性黄土土力学性质研究

1. 固化剂掺量对改性黄土最优含水量的影响

表 7-7 是不同固化剂掺量的改性黄土最优含水量和其最大干密度。由表 7-7 可以看出，加入固化剂后，其最优含水量从 15.05%（0% 固化剂）增加到 17.78%（2.46% 固化剂），最优含水量提高了 2.73%。最大干密度从 1.82 g/cm³ 降至 1.77 g/cm³，最大干密度降低了 2.75%。当含水率达到最优含水率时，土颗粒孔隙中的自由水逐渐增多。由于固化剂略显亲水，发生了一些物理化学反应，会吸收部分自由水，导致最优含水量增大，最大干密度因土颗粒相对减少而减小。

表 7-7　不同固化剂掺量与最优含水量和最大干密度

序号	固化剂掺量（%）	最优含水量（%）	最大干密度（g/cm³）
1	0.00	15.05	1.82
2	0.46	15.46	1.81
3	0.86	15.50	1.80
4	1.26	15.70	1.80
5	1.66	16.58	1.79
6	2.06	17.01	1.78
7	2.46	17.78	1.77

2. 固化剂掺量对改性黄土压缩系数及湿陷性的影响

图 7-5 为压缩系数 a_{1-2} 与不同固化剂掺量间的关系曲线图。由图可以看出，到固化剂掺量从 0% 增加到 2.46% 时，压缩系数从 0.32 MPa⁻¹ 降低到 0.08 MPa⁻¹。通过曲线拟合，压缩系数与固化剂掺量间呈指数关系（R^2=0.96）。这说明，该固化剂可以有效地较低黄土的压缩性，但随

着固化剂掺量的增加，其效果有所降低。

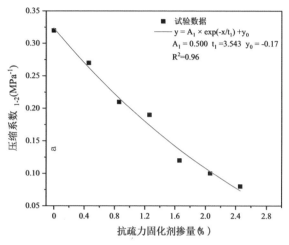

图 7-5　固化剂掺量与压缩系数拟合曲线图

图 7-6 为不同固化剂掺量试样的湿陷性系数曲线图。由图可以看出，当固化剂掺量从 0% 增加到 2.46% 时，黄土湿陷系数从 0.052 降低到 0.001，当固化剂掺量增加到 0.86% 时，黄土的湿陷系数降低到 0.02，此时黄土的湿陷性基本消除。再提高固化剂掺量时，其湿陷系数降低到 0.015 以下，黄土无湿陷性。

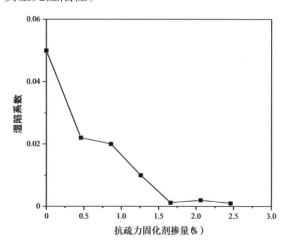

图 7-6　固化剂掺量与湿陷系数曲线图

3. 固化剂掺量对改性黄土强度的影响

试样的剪切强度由一条称为破坏包络线的直线表示：$\tau = c + \tan\varphi$（其中 c 和 φ 为黏聚力和内摩擦角）。强度参数与固化剂掺量的关系如图 7-7 所示。从图中可以看出，黏聚力数值随固化剂掺量的增加而增加。当固化剂掺量从 0% 增加到 2.46%，而该值从 22.36 kPa 增加到 42.14 kPa。摩擦角呈现出前期增长速度快而后期相对稳定的趋势。总的来说，在黄土中添加抗疏力固化剂可以提高其抗剪强度。

图 7-8 表达了不同固化剂掺量试样的无侧限抗压强度（UCS）变化规律。结果表明，随着固化剂掺量的增加，改性黄土的强度增加，且固化剂掺量越大，强度越高。改性黄土掺量与无侧限抗压强度间，基本呈指数规律变化，公式中 a、b、k 为试验所得的参数。

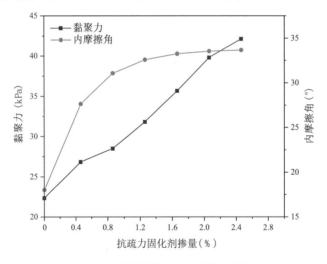

图 7-7 固化剂掺量与强度指标曲线

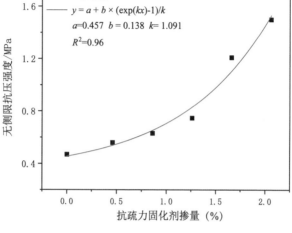

图 7-8　固化剂掺量与无侧限抗压强度曲线

7.2.3 矿物成分测定

表 7-8 列出了通过 XRD 分析确定的特定矿物含量。黄土经抗疏力固化剂处理后，SiO_2 和 Al_2O_3 含量降低，而 CaO 含量增加。SiO_2 含量降低，从 40.31% 降至 37.71%，即下降 2.60%。固化剂的粉剂和液剂与土壤成分中的 SiO_2 和 Al_2O_3 生成水合物，从而加固土壤，其化学作用机理和水泥改性土较相似。对比黄土和改性土的矿物成分，其矿物成分类型相似，从侧面可以证明抗疏力固化剂在加固土壤后，对黄土的影响很小。

表 7-8　矿物成分表

固化剂掺量（%）	SiO_2	Al_2O_3	CaO	Fe_2O_3	MgO	K_2O	Na_2O	Ti_2O
0	40.31	19.03	17.36	7.52	6.73	4.50	2.05	1.96
2.46	37.71	18.40	18.66	7.76	6.46	4.35	1.93	4.28

7.2.4 改性土的微观结构特征

将不同配比的改性土样品在扫描电子显微镜（SEM）放大 2000 倍下进行观测，如图 7-9 所示。

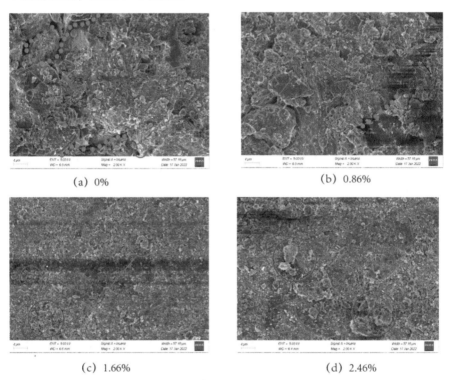

　　(a) 0%　　　　　　　　　　　　　　(b) 0.86%

　　(c) 1.66%　　　　　　　　　　　　(d) 2.46%

图 7-9　改性土微观特征

从图像整体观察，0% 改性土有着比较疏松的颗粒排列，从结构来看比较碎散，在式样内部出现了分布不均、大小不一的孔洞和明显的裂隙，颗粒间没有较好的胶结，如图 7-7（a）所示。相较于 0% 的土样，0.86% 改性土试样孔洞数量和裂隙宽度明显减小，试样的整体性提高，如图 7-8（b）所示。固化剂掺量为 1.66% 改性土试样，孔洞和裂隙的数量和宽度明显减小，在试样内出现了簇状片状晶体，只有很少的孔隙存在，有着较高的整体性，如图 7-9（c）所示。固化剂掺量为 2.46%

改性土试样中土颗粒等级排列较好，孔洞和裂隙数量很少，而且出现的片状晶体的数量和大小相比较 1.66% 的掺量的改性土更加的均匀，如图 7-9(d) 所示。综上所述，随着固化剂掺量的增加，改性土整体性增加、孔隙减小、胶结作用更强，有着更高的宏观抗压强度，宏观力学和微观结构两个方面的特征一致。此外，由土样微观结构可以看出，抗疏力固化剂具有改善土体微观结构、实现土壤颗粒的均匀分散、提升土体抗渗性和强度的作用。

7.2.5　改性土的进汞量及孔径分布密度粒径分布

图 7-10 显示了累积进汞量体积（mL/g）形成过程中样本的累积曲线。曲线分级良好，边界光滑，表明所有孔隙尺寸在可检测范围内。抗疏力材料掺量对改性土的影响如图 7-10 所示，改性黄土的累积孔隙体积减小随着固化剂掺量的增加。这主要是因为与未经处理的黄土相比，改性黄土的密度更高。利用抗疏力固化剂处理黄土后，形成了更稳定的土壤结构，这与上面讨论的 SEM 分析结果一致。这说明固化剂掺量增加，微观孔隙体积变小，有着更致密的结构。宏观强度增大，有着更高的力学性能。

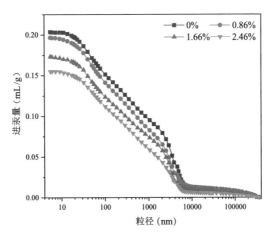

图 7-10　改性土进汞曲线

图 7-11 显示了具有不同抗疏力材料掺量的试样的差异孔隙体积分布曲线。观察到除了未处理的黄土样品有 3 个孔隙群外，其他样品都有两个孔隙群。处理或未处理黄土中均不存在粒内孔隙（d<0.0054 μm）；主要孔隙群为粒间孔隙（0.009 ～ 1.20 μm）和团聚体内孔隙（1.80-9.0 μm）。随着固化剂掺量的增加，骨料内部的孔径从 3.4 μm（改性土掺量为 0.86%）减小到 1.7 μm（改性土掺量为 2.46%），峰值也从 0.14 减小到 0.08。

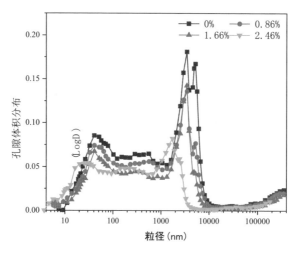

图 7-11 孔隙入口的孔径分布

7.3 本章小结

黄土工程性质对黄土边坡稳定性的影响十分明显，针对本地区马兰黄土，通过对重塑黄土和改性黄土的工程性质研究，得到了以下结论：

（1）随着黄土干密度的增加，黄土的强度增加，主要表现在黄土的抗剪强度指标黏聚力和摩擦角均增加。黄土的渗透系数随干密度的增大而减小，二者间成对数函数关系。黄土的高孔隙比和低渗透性对黄土边坡稳定具有积极意义。但是如果由于黄土湿陷导致边坡开裂，降水渗入坡体内，黄土的结构性会很快损失而导致边坡失稳。对于马兰黄土而言，干密度会影响非饱和黄土土－水特征曲线和 VG 模型的参数。

（2）黄土的压缩性和湿陷性在用抗疏力固化剂处理后显著降低。抗疏力固化剂在较低的掺量下能快速提高黏聚力。当固化剂掺量为 1.66% 时，摩擦角增大幅度减小，随着固化剂掺量的增加，只显示一个小的变化。总体而言，黄土的抗剪强度因为添加抗疏力固化剂而得到了提高。抗疏力固化剂对黄土的无侧限抗压强度有增强作用，且随着掺量的升高呈指数关系。

（3）经抗疏力固化剂处理的黄土，根据 XRD 分析，其 SiO_2 含量降低。改性黄土的累积孔隙体积随着固化剂掺量的增加而减小。利用抗疏力固化剂处理黄土后，形成了更稳定的土壤结构，随着抗疏力固化剂掺量的增加，改性土的累积孔隙体积减小，集料间的孔隙率增大使孔隙变为团聚体内孔隙，粒间孔隙略有增加，峰值因为所有的毛孔的孔隙体积减小而减少了。

第8章 降雨作用下不同护坡方式的性能评估研究

黄土边坡的变形破坏多发生于降雨期间，因此造成了大量的经济损失。为减小降雨诱发黄土滑坡的影响，对边坡采取防护措施是非常必要的。目前，生态护坡技术是最受欢迎的手段之一，然而，如何既安全又经济地采用合适的护坡方案是一个亟须解决的问题。本章基于有限元软件分析了采用素土植草防护技术、改性土植草防护技术以及未采用防护措施的黄土边坡在不同降雨条件下边坡的位移及孔压发展情况，并对不同降雨条件下采用生态护坡防护的边坡和未防护的边坡的稳定性进行了分析。

8.1 草本植物根 – 土复合体的共同作用

草本植物根系与根系之间、植物根系与土壤之间都存在相互的作用，这个作用的存在可以提高土体的抗剪强度。当土壤面积为 A 时，在土体中含有 j 个植物根系。由植物根系贡献的根 – 土复合体的抗剪强度 c_r 可以由下式（8–1）计算：

$$c_r = \frac{\sum_{j=1}^{n} T_{(0)j} \cos \delta_j}{A} + \frac{\sum_{j=1}^{n} T_{(0)j} \sin \delta_j}{A} \tan \varphi \qquad （8–1）$$

式中，φ 为土体的内摩擦角，可由试验获得；n 是通过截取含有根系的不同土体剖面确定的植物根数；$T_{(0)j}$ 为第 j 根植物根的峰值拉力；δ_j 为第 j 根植物根系在根部的倾角。由式（8–1）可以看出，含有根系的土壤的抗剪强度取决于植物根系的抗拉强度和根系在土壤中的分布情况。

此时，含有植物根系的土体总抗剪强度 τ 可以由式子（8–2）计算：

$$\tau = c + \sigma \tan \varphi + c_r \qquad （8–2）$$

式中c和φ为土体或改性土的黏聚力及内摩擦角，可以通过直剪试验获得，σ为直剪试验所时间的垂直压力。

8.2 研究方法

8.2.1 数值模型建立

本章研究是基于 Abaqus 软件平台完成的，将黄土视为孔隙材料，假设黄土是具有固体架构中均布孔隙的多孔介质，同时将节点位移和孔隙水压力作为节点自由度。基于 Mohr-Coulomb 破坏准则，进行降雨入渗下非饱和土坡渗流场和应力场的耦合分析。图 8-1 至图 8-3 为未处理边坡数值模型、素土植草处理边坡数值模型和改性土植草处理黄土边坡数值模型。

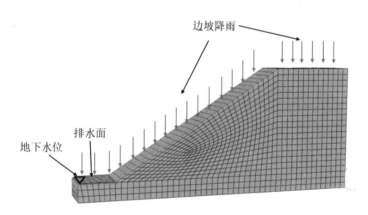

图 8-1　数值网格模型图

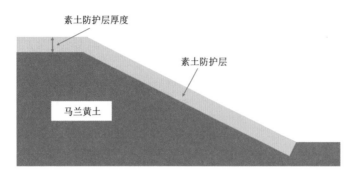

图 8-2　采用素土加固边坡示意图

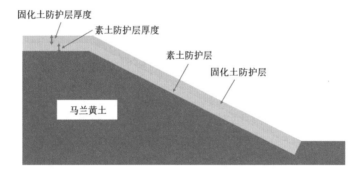

图 8-3　采用改性土加固边坡示意图

8.2.2　土体参数

根据前一章结论，分别选用抗疏力固化剂和黄土材料作为边坡护坡的植草材料，根据基质层厚度，各设定 3 个试验处理（用 A、B、C 表示），并与未处理边坡进行对比，各措施所对应的土体参数如表 8-1 所示。

表 8-1　各处理措施所对应的土体参数

	防护厚度 （cm）	重度 （kN/m³）	黏聚力 c （kPa）	内摩擦角 （°）	弹性模量 E （MPa）	渗透系数 （m/s）
马兰黄土	—	15.2	22.6	22.9	20	$2.55e^{-06}$
固化材料 A	25	18.3	57.4	35.8	55	$8.25e^{-08}$

续表

	防护厚度 （cm）	重度 （kN/m³）	黏聚力 c （kPa）	内摩擦角 （°）	弹性模量 E （MPa）	渗透系数 （m/s）
固化材料 B	15	18.1	57.4	35.8	55	$8.25e^{-08}$
固化材料 C	10	18.0	57.4	35.8	55	$8.25e^{-08}$
素土材料 A	25	17.8	35.4	25.7	35	$3.82e^{-07}$
素土材料 B	15	17.5	35.4	25.7	35	$3.82e^{-07}$
素土材料 C	10	17.4	35.4	25.7	35	$3.82e^{-07}$

8.3 结果与分析

8.3.1 不同降雨强度下，不同类别防护措施对边坡的防护性能研究

图 8-4 为不同降雨强度对不同防护措施性能的影响。由图可以看出采用改性材料进行防护，固化材料 A 对边坡的防护能力最强，此时边坡的孔压和位移最小，固化土材料 C 对边坡的防护能力最弱，此时边坡的孔压和位移最大。当降雨量为 280 mm 时，采用固化材料 B 和固化材料 C 相比于采用固化材料 A 时边坡的孔压分别相应增加 5.3% 和 13.4%，水平位移分别相应增加 26.3% 和 42.1%，竖向位移分别相应增加 36.0% 和 52.0%。

当采用素土材料对边坡进行防护时，素土材料 A 对边坡的防护能力最强，素土材料 C 对边坡的防护能力最弱。采用素土材料 B 和素土材料 C 相比于采用素土材料 A 时边坡的孔压分别相应增加 7.3% 和 12.8%，水平位移分别相应增加 11.1% 和 18.5%，竖向位移分别相应增加 16.7% 和 25.0%。

固化材料和素土材料对边坡的防护具有一定的作用。采用固化材料 A 和素土材料 A 相比于未防护的边坡孔压分别相应降低 72.7% 和 42.1%，水平位移分别相应减小 48.6% 和 27.0%，竖向位移分别相应

减小 51.0% 和 29.4%；而当采用固化材料 C 和素土材料 C 相比于未防护的边坡孔压分别相应降低 49.5% 和 23.9%，水平位移分别相应减小 27.0% 和 13.5%，竖向位移分别相应减小 25.5% 和 11.8%。

由前期的研究可知，后峰型相对比其他雨型对边坡的响应影响更大。本章进一步分析采用后峰型雨型时，不同边坡防护材料的防护效果。

当采用后峰型雨型降雨时，采用固化材料 B 和固化材料 C 相比于采用固化材料 A 时边坡的孔压分别相应增加 7.0% 和 15.8%，水平位移分别相应增加 18.9% 和 27.8%，竖向位移分别相应增加 27.6% 和 37.9%。采用素土材料 B 和素土材料 C 相比于采用素土材料 A 时边坡的孔压分别相应增加 7.4% 和 18.1%，水平位移分别相应增加 12.3% 和 19.3%，竖向位移分别相应增加 18.4% 和 27.0%。

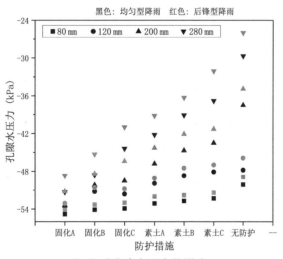

（a）对孔隙水压力的影响

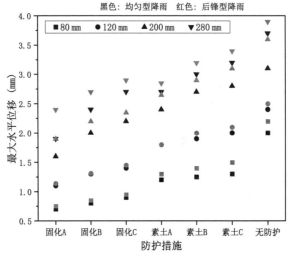

（b）对最大水平位移的影响

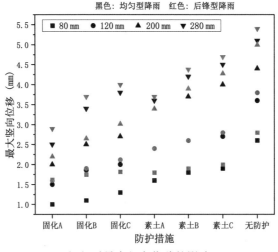

（c）对最大竖向位移的影响

图 8-4　不同降雨强度对边坡防护性能的影响

采用固化材料 A 和素土材料 A 相比于未防护的边坡孔压分别相应降低 87.3% 和 50.8%，水平位移分别相应减小 41.8% 和 26.9%，竖向位移分别相应减小 46.3% 和 31.5%；而当采用固化材料 C 和素土材料 C 相比于未防护的边坡孔压分别相应降低 57.7% 和 23.5%，水平位移分别相应减小 25.6% 和 12.8%，竖向位移分别相应减小 25.9% 和 13.0%。

对于降雨量 80 mm 工况，当采用均匀型雨型降雨时，采用固化材料 B 和固化材料 C 相比于采用固化材料 A 时边坡的孔压分别相应增加 1.3% 和 1.6%，水平位移分别相应增加 14.3% 和 28.6%，竖向位移分别相应增加 10.0% 和 30.0%；采用素土材料 B 和素土材料 C 相比于采用素土材料 A 时边坡的孔压分别相应增加 0.8% 和 1.5%，水平位移分别相应增加 4.2% 和 8.3%，竖向位移分别相应增加 8.0% 和 12.3%。采用固化材料 A 和素土材料 A 相比于未防护的边坡孔压分别相应降低 9.4% 和 6.0%，水平位移分别相应减小 65.0% 和 40.0%，竖向位移分别相应减小 61.5% 和 37.7%；而当采用固化材料 C 和素土材料 C 相比于未防护的边坡孔压分别相应降低 7.6% 和 4.4%，水平位移分别相应减小 55.0% 和 35.0%，竖向位移分别相应减小 50.0% 和 30.0%。当采用后峰型雨型降雨时，采用固化材料 B 和固化材料 C 相比于采用固化材料 A 时边坡的孔压分别相应增加 5.3% 和 13.4%，水平位移分别相应增加 26.3% 和 42.1%，竖向位移分别相应增加 36.0% 和 52.0%。采用素土材料 B 和素土材料 C 相比于采用素土材料 A 时边坡的孔压分别相应增加 7.3% 和 12.8%，水平位移分别相应增加 7.1% 和 14.3%，竖向位移分别相应增加 7.7% 和 15.4%。采用固化材料 A 和素土材料 A 相比于未防护的边坡孔压分别相应降低 10.6% 和 6.3%，水平位移分别相应减小 65.9% 和 40.9%，竖向位移分别相应减小 60.7% 和 35.7%；而当采用固化材料 C 和素土材料 C 相比于未防护的边坡孔压分别相应降低 8.4% 和 5.1%，水平位移分别相应减小 56.8% 和 31.8%，竖向位移分别相应减小 51.8% 和 28.6%。

当降雨强度逐渐增加时，采用固化材料 B 和固化材料 C 相比于采用固化材料 A 时边坡的孔压、位移增加的幅度随着强度的增加而增加。例如，当降雨总量为 80 mm 时，采用固化材料 B 和固化材料 C 相比于采用固化材料 A 时边坡的孔压分别增加 1.3% 和 1.6%，水平位移分别增加 4.2% 和 8.3%，竖向位移分别增加 8.0% 和 12.3%，而降雨总量为

280 mm 时，采用固化材料 B 和固化材料 C 相比于采用固化材料 A 时边坡的孔压分别相应增加 5.3% 和 13.4%，水平位移分别相应增加 26.3% 和 42.1%，竖向位移分别相应增加 36.0% 和 52.0%。同样的结论也适用于采用素土材料 B 和素土材料 C 相比于采用素土材料 A 时的边坡孔压、位移增加规律。

可以看出，当降雨强度较小时，采用固化材料与素土材料对边坡进行防护时，不同类别的防护材料对边坡孔压影响较小。当降雨强度继续增大时，采用固化材料与素土材料对边坡进行防护时，不同类别的防护材料对边坡孔压的影响也随之增加。结果表明，当降雨强度加大时，边坡护理应采用防护能力强的防护材料。

采用固化材料 B 加固的边坡和素土材料 B 加固的边坡相比于无防护的边坡，边坡孔压减小的幅度随着降雨强度的加大而增加，而水平位移和竖向位移减小的幅度随着降雨强度的增加而减小。例如，当降雨总量为 80 mm 时，采用固化材料 A 和素土材料 A 相比于未防护的边坡孔压分别相应降低 9.4% 和 6.0%，水平位移分别减小 65.0% 和 40.0%，竖向位移减小 61.5% 和 37.7%；而降雨总量为 280 mm 时，采用固化材料 A 和素土材料 A 相比于未防护的边坡孔压分别降低 72.7% 和 42.1%，水平位移分别相应减小 48.6% 和 27.0%，竖向位移分别相应减小 51.0% 和 29.4%。

同时，采用固化材料加固相比于采用素土材料加固对边坡的防护效果更好。例如，降雨总量为 280 mm 时，采用固化材料 A 加固的边坡相比于未防护的边坡孔压、水平位移和竖向位移分别相应减小 72.7%、48.6% 和 51.0%，而采用素土材料 A 时，坡孔压、水平位移和竖向位移分别相应减小 42.1%、27.0% 和 29.4%。

当采用后峰雨型降雨相比于均匀型雨型降雨，边坡的孔压和位移相应增加。当采用后峰雨型降雨时，采用固化材料 B 和固化材料 C 相比于采用固化材料 A 时边坡的孔压、位移增加的幅度与采用均匀型降雨增加的幅度相近。而采用后峰雨型降雨时，采用固化材料 B 加固的边坡和素土材料 B 加固的边坡相比于无防护的边坡，降雨总量在 280 mm 时，边坡的孔压减小幅度大于采用均匀型降雨时孔压减小的幅度，而其余降雨强度时，边坡的孔压减小幅度和用均匀型降雨时孔压减小的幅度相近。

8.3.2　降雨持时与强度对不同类别防护措施的效果影响

当降雨持时不同时，不同的降雨量对应不同的降雨等级（表 8-2）。例如，降雨持时 6 h、降雨量 120 mm 即为特大暴雨等级，而降雨持时 12 h 时、降雨量为 140 mm 时，即为特大暴雨等级。许多研究表明，降雨持时和降雨强度对边坡的位移和孔压有很大的影响。本节选取不同降雨持时下的不同降雨等级降雨工况分析不同防护材料对边坡位移和孔压的影响。

表 8-2　降雨量等级划分标准（mm）

时段等级	1 h	3 h	6 h	12 h	24 h
零星小雨	<0.1	<0.1	<0.1	<0.1	<0.1
小 雨	0.1—1.5	0.1—2.9	0.1—3.9	0.1—4.9	0.1—9.9
中 雨	1.6—6.9	3.0—9.9	4.0—12.9	5.0—14.9	10.0—24.9
中 雨	7.0—14.9	10.0—19.9	13.0—24.9	15.0—29.9	25.0—49.9
暴 雨	15.0—39.9	20.0—49.9	25.0—59.9	30.0—69.9	50.0—99.9
大暴雨	40.0—49.9	50.0—69.9	60.0—119.9	70.0—139.9	100.0—249.9
特大暴雨	≥ 50.0	≥ 70.0	≥ 120.0	≥ 140.0	≥ 250.0

注：来自《降水量等级》GB/T 28592—2012

表 8-3 至表 8-5 为降雨持时分别为 6 h、12 h、24 h 不同降雨量对不同防护措施边坡的响应。由表可以看出，当降雨持时为 24 h、降雨量为 80 mm（暴雨等级）时，采用固化材料 B 的边坡和素土材料 B 的边坡相比于未防护边坡的孔压分别相应减小 8.0% 和 5.2%，水平位移分别相应减小 55.0% 和 37.5%，竖向位移分别相应减小 57.70% 和 32.7%。当降雨持时为 12 h、降雨量为 60 mm（暴雨等级）时，采用固化材料

B 的边坡和素土材料 B 的边坡相比于未防护边坡的孔压分别相应减小 12.5% 和 7.6%，水平位移分别相应减小 60.9% 和 34.8%，竖向位移分别相应减小 58.6% 和 33.0%。当降雨持时为 6 h、降雨量为 40 mm（暴雨等级）时，采用固化材料 B 的边坡和素土材料 B 的边坡相比于未防护边坡的孔压分别相应减小 15.8% 和 8.7%，水平位移分别相应减小 60.0% 和 32.0%，竖向位移分别相应减小 57.6% 和 30.3%。

当降雨持时为 24 h、降雨量为 120 mm（大暴雨等级）时，采用固化材料 B 的边坡和素土材料 B 的边坡相比于未防护边坡的孔压分别相应减小 7.1% 和 1.9%，水平位移分别相应减小 33.3% 和 20.8%，竖向位移分别相应减小 48.3% 和 27.8%。当降雨持时为 24 h、降雨量为 200 mm（大暴雨等级）时，采用固化材料 B 的边坡和素土材料 B 的边坡相比于未防护边坡的孔压分别相应减小 33.9% 和 19.2%，水平位移分别相应减小 35.5% 和 12.9%，竖向位移分别相应减小 43.2% 和 15.9%。当降雨持时为 12 h、降雨量为 100 mm（大暴雨等级）时，采用固化材料 B 的边坡和素土材料 B 的边坡相比于未防护边坡的孔压分别相应减小 30.9% 和 19.2%，水平位移分别相应减小 37.9% 和 10.3%，竖向位移分别相应减小 40.0% 和 12.5%。当降雨持时为 12 h、降雨量为 120 mm（大暴雨等级）时，采用固化材料 B 的边坡和素土材料 B 的边坡相比于未防护边坡的孔压分别相应减小 38.6% 和 21.4%，水平位移分别相应减小 34.4% 和 15.6%，竖向位移分别相应减小 40.9% 和 15.9%。当降雨持时为 6 h、降雨量为 60 mm（大暴雨等级）时，采用固化材料 B 的边坡和素土材料 B 的边坡相比于未防护边坡的孔压分别相应减小 37.2% 和 16.8%，水平位移分别相应减小 33.3% 和 13.3%，竖向位移分别相应减小 42.9% 和 16.7%。当降雨持时为 6 h、降雨量为 100 mm（大暴雨等级）时，采用固化材料 B 的边坡和素土材料 B 的边坡相比于未防护边坡的孔压分别相应减小 79.4% 和 40.0%，水平位移分别相应减小 38.1% 和 11.9%，竖向位移分别相应减小 53.8% 和 40.0%。

当降雨持时为 24 h、降雨量为 280 mm（特大暴雨等级）时，采用固化材料 B 的边坡和素土材料 B 的边坡相比于未防护边坡的孔压分别相应减小 63.6% 和 31.6%，水平位移分别相应减小 35.1% 和 18.9%，竖向位移分别相应减小 33.3% 和 17.6%。当降雨持时为 12 h、降雨量为 140 mm（大暴雨等级）时，采用固化材料 B 的边坡和素土材料 B 的边坡相比于未防护边坡的孔压分别相应减小 53.6% 和 28.5%，水平位移分别相应减小 32.4% 和 17.6%，竖向位移分别相应减小 31.3% 和 18.7%。当降雨持时为 6 h、降雨量为 120 mm（大暴雨等级）时，采用固化材料 B 的边坡和素土材料 B 的边坡相比于未防护边坡的孔压分别相应减小 140.0% 和 119.8%，水平位移分别相应减小 60.8% 和 38.2%，竖向位移分别相应减小 68.0% 和 45.6%。

总之，当降雨等级为暴雨时，采用固化材料 B 的边坡和素土材料 B 的边坡相比于未防护边坡的孔压分别相应减小 8.0% 和 5.2%，水平位移分别相应减小 60.0% 和 35.0%，竖向位移分别相应减小 57.7% 和 37.8%。

表 8-3　降雨持时 6 h 时不同降雨量下边坡的响应

降雨持时（h）	降雨量（mm）	防护类型	数值结果		
			孔压（kPa）	最大水平位移（mm）	最大竖向位移（mm）
6	40	固化 B	−52.1	1.0	1.4
		素土 B	−48.9	1.7	2.3
		无防护	−45.0	2.5	3.3
	60	固化 B	−51.3	2.0	2.4
		素土 B	−43.7	2.6	3.5
		无防护	−37.4	3.0	4.2
	100	固化 B	−46.1	2.6	3.7
		素土 B	−35.2	3.7	4.8
		无防护	−25.7	4.2	8.0
	120	固化 B	−43.6	2.9	4.0
		素土 B	−40.0	4.5	6.8
		无防护	−18.2	7.4	12.5

表 8-4　降雨持时 12 h 时不同降雨量下边坡的响应

降雨持时（h）	降雨量（mm）	防护类型	数值结果		
			孔压（kPa）	最大水平位移（mm）	最大竖向位移（mm）
12	60	固化 B	−53.0	0.9	1.2
		素土 B	−50.7	1.5	2.0
		无防护	−47.1	2.3	2.9
	100	固化 B	−51.2	1.8	2.4
		素土 B	−46.6	2.6	3.5
		无防护	−39.1	2.9	4.0
	120	固化 B	−50.6	2.1	2.6
		素土 B	−44.3	2.7	3.7
		无防护	−36.5	3.2	4.4
	140	固化 B	−49.0	2.3	3.3
		素土 B	−41.0	2.8	3.9
		无防护	−31.9	3.4	4.8

表 8-5　降雨持时 24 h 时不同降雨量下边坡的响应

降雨持时（h）	降雨量（mm）	防护类型	数值结果		
			孔压（kPa）	最大水平位移（mm）	最大竖向位移（mm）
24	80	固化 B	−54.1	0.8	1.1
		素土 B	−52.7	1.3	1.8
		无防护	−50.1	2.0	2.6
	120	固化 B	−51.2	1.6	1.9
		素土 B	−48.7	1.9	2.6
		无防护	−47.8	2.4	3.6
	200	固化 B	−50.2	2.0	2.5
		素土 B	−44.7	2.7	3.7
		无防护	−37.5	3.1	4.4
	280	固化 B	−48.6	2.4	3.4
		素土 B	−39.1	3.0	4.2
		无防护	−29.7	3.7	5.1

8.3.3 不同类别防护措施对边坡稳定性系数的影响

坡面失稳，滑体滑出，滑体在产生较大且无限发展的位移的同时，由稳定的静止状态转变为运动状态，此为坡面破坏的特征。随着计算机软硬件和非线性弹塑性有限元计算技术的发展，采用理论体系更加严格的有限元方法对其进行分析成为可能。利用坡面稳定分析的有限元强度折减法，使坡面达到极限破坏状态，使岩土体强度不断降低，使滑动面位置与坡面强度储备安全系数直接求出，使有限元强度折减法进入实用阶段。有限元强度减压法分析边坡稳定性的一个关键问题是如何根据有限元计算结果来判别边坡是否达到极限破坏状态。目前主要有两种类型的不稳定判断。一是将不收敛作为判断边坡不稳定的标记；二是将广义塑性应变或等效塑性应变贯穿于斜坡的顶部作为边斜坡破坏的标记。

栾茂田等指出，用数值模拟边坡失稳取决于计算不收敛有一定的人为随意性，并提出了依据塑性应变作为边坡失稳的判别依据，确定其潜在滑动面和相应的安全系数，从而评价边坡的稳定性。赵尚毅等指出，根据边坡的破坏，以数值计算中的是否可以收敛于作为依据是合理的。塑性区从坡脚贯通到坡顶并不能说明边坡一定破坏，而塑性区贯通只是破坏的必要条件，但并不是充分条件，而且应该考虑到是否有发生较大的塑性变形和位移。本书通过有限元分析，当边坡最大水平位移大于 10 mm 时，边坡将出现无限发展的塑性变形和位移，因此，本书将边坡最大水平位移 10 mm 最为边坡失稳判断依据。

图 8-5 为不同降雨作用对黄土边坡稳定性的影响。由图 8-5 可以看出，当降雨持时相同时，随着降雨量的增加，安全系数随之降低。同时，采用固化材料加固的边坡，安全系数最高。当降雨持时对应降雨量相同时，相应的降雨持时越小，边坡稳定性系数越高。例如，降雨持时 24 h 降雨总量 200 mm 工况，采用固化材料 B、素土材料 B 和无防护边坡的稳定性系数分别为 5.0、3.7 和 3.2，而降雨持时 12 h、降雨总

量 100 mm 工况，采用固化材料 B、素土材料 B 和无防护边坡的稳定性
系数分别为 5.6、3.8 和 3.4，分别相差 12.0%、2.7% 和 6.3%。降雨持时
24 h、降雨总量 120 mm 工况，采用固化材料 B、素土材料 B 和无防护
边坡的稳定性系数分别为 6.3、5.3 和 4.2，而降雨持时 12 h、降雨总量
60 mm 工况，采用固化材料 B、素土材料 B 和无防护边坡的稳定性系数
分别为 11.1、6.7 和 4.3，分别相差 76.2%、26.4% 和 2.3%。

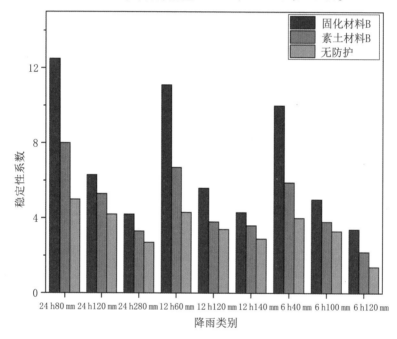

图 8-5　不同降雨作用对黄土边坡稳定性的影响

可以看出，当降雨工况处于同一降雨等级时（降雨持时 24 h、降
雨总量 200 mm 工况和降雨持时 12 h、降雨总量 100 mm 工况同属为大
暴雨等级），采用固化材料 B、素土材料 B 和无防护的边坡的稳定性系
数相差最大仅为 12.0%，而当降雨工况处于不同降雨等级时（降雨持时
24 h、降雨总量 120 mm 工况处于大暴雨等级，降雨持时 12 h、降雨总
量 60 mm 工况处于暴雨等级），采用固化材料 B 和素土材料 B 加固的
边坡稳定稳定性系数相差较大，最大为 76.2%。

当降雨处于同一等级时，暴雨等级工况时采用固化材料 B、素土材料 B 和无防护边坡的稳定性系数分别平均为 11.2、6.9 和 4.4；大暴雨等级工况时采用固化材料 B、素土材料 B 和无防护边坡的稳定性系数分别平均为 5.1、3.8 和 3.3；特大暴雨等级工况时采用固化材料 B、素土材料 B 和无防护边坡的稳定性系数分别平均为 4.0、3.0 和 2.3。同时，对于处于特大暴雨等级的工况，降雨持时越小，边坡稳定性系数越低。

8.3.4 不同类别防护措施的经济适用性分析

采用固化土防护、素土防护及无防护的施工费用平均比为 75∶65∶1。综合经济学量化指标和不同防护类型的边坡安全性能，评价采用不同防护技术的经济效益，即经济指标（安全系数与费用的乘积），经济指标反映达到此安全系数所需要的费用，其越大说明达到此安全系数的成本越高。表 8-6 评价了不同降雨条件下边坡安全性和经济指标，为合理选用黄土边坡防护技术提供参考。

表 8-6 不同降雨条件下边坡安全性和经济指标评价

工况	固化土 B		素土 B		未加固	
	安全系数	经济指标	安全系数	经济指标	安全系数	经济指标
24 h-80 mm（暴雨）	12.5	937.5	8	520.0	5.0	5.0
24 h-120 mm（大暴雨）	6.3	472.5	5.3	344.5	4.2	4.2
24 h-200 mm（大暴雨）	5.0	375.0	3.7	240.5	3.2	3.2
24 h-280 mm（特大暴雨）	4.2	315.0	3.3	214.5	2.7	2.7
12 h-60 mm（暴雨）	11.1	832.5	6.7	435.5	4.3	4.3
12 h-100 mm（大暴雨）	5.6	420.0	3.8	247.0	3.4	3.4
12 h-120 mm（大暴雨）	4.8	360.0	3.7	240.5	3.1	3.1
12 h-140 mm（特大暴雨）	4.3	322.5	3.6	234.0	2.9	2.9
6 h-40 mm（暴雨）	10.0	750.0	5.9	383.5	4	4.0
6 h-60 mm（大暴雨）	5.0	375.0	3.8	247.0	3.3	3.3

续表

工况	固化土 B		素土 B		未加固	
	安全系数	经济指标	安全系数	经济指标	安全系数	经济指标
6 h–100 mm（大暴雨）	3.8	285.0	2.7	175.5	2.4	2.4
6 h–120 mm（特大暴雨）	3.4	255.0	2.2	143.0	1.4	1.4

由表 8-6 可以看出，采用固化土防护的造价显著高于采用其他防护方式，以大暴雨的降雨等级为例，采用固化土防护、素土防护和无防护方式的平均造价比为 117：75：1。在考虑各种降雨工况以及设计边坡所要达到的安全系数时，建议采用下列防护方式：边坡安全系数为 1 时，采用无防护；边坡安全系数为 2 时，采用素土防护；边坡安全系数为 3 及以上时，采用固化土防护；而边坡安全系数为 1 或 2 时，在考虑极端降雨工况（大暴雨降雨工况）时，建议采用固化土防护。

第9章 黄土边坡固化植草防治技术的工程应用

植被护坡技术在现代中国始于 20 世纪 50 年代，主要用于水土保持和防风固沙。尽管中国的应用目的与其他地区的不完全相同，但采取的植被护坡原理与方法是基本相同的。从 20 世纪 70 年代开始，植被护坡在中国得到了进一步的发展。随着经济的发展和人民生活水平的提高，人们对环境的要求也越来越高，在中国的一些地区，特别是经济发达地区，植被护坡已从单纯的水土保持转向水土保持与景观改善的结合，有些地方，景观改善已成为植被护坡的重要方面。

植被护坡的主要作用在于植被根系的土壤增强作用，它是植被稳定土壤的最有效的机械途径。它加强土壤的聚合力，通过根系的机械束缚增强根系土层的总体强度，提高滑移抵抗力。植物的垂直根系穿过坡体浅层的松散风化层，锚固到深处较稳定的岩土层上，起到预应力锚杆的作用。在植被覆盖的斜坡上，植物相互缠绕的侧向根系形成具有一定抗张强度的根网，将根际土壤固结为一个整体。

9.1 研究材料与方法

工程区（图 9-1）内特殊岩土主要为湿陷性黄土，主要分布于塬面及各个沟道中。塬面湿陷黄土主要分布在马兰黄土（粉土）和上部离石黄土层中，马兰黄土（Q3）披覆于黄土梁峁顶部，岩性为粉土，灰黄色，结构疏松，大孔隙发育，土质均匀，稍湿，稍密，黄土粒度成分以粉粒为主，占 55% 左右，易溶盐含量较高，具粒状架空接触式结构。主要表现为陷穴、陷坑和落水洞等，多零星分布于地形低洼地带，规模、大小差异较大，在输水管线沿线发育较多。在黄土塬上，重力侵蚀现象较为严重，导致沟头前进、沟岸扩张、沟床下切、严重危及当地群众的生产生活、生命和财产安全，严重制约着庆阳市社会经济的可持续发展。

图 9-1　现场试验坡

9.1.1　研究材料

（1）基本物理力学性质。以陇东地区非饱和马兰黄土为研究用土壤。

（2）试验用固化剂。本次试验采用抗疏力固化剂。抗疏力固化剂包括水剂 Consolid444（简写为 C444）和粉剂 Solidry（简写为 SD）两种材料。C444 属于电离子溶液（ISSS）类固化剂，是一种有机化学物质，略显酸性（pH=6）。C444 是一种半黏性液体，由单体和聚合物与加速渗透的催化剂混合而成，它破坏了土壤颗粒周围黏附的水膜，导致细颗粒的不可逆团聚，从而提高了土壤细颗粒的天然结合力，并通过交换土壤颗粒上的电化学负载而导致粉末的不可逆团聚。SD 是一种干燥的无机化学物质，通过关闭毛细管防止处理过的黄土浸水，可以更好地对土样进行压实，减小孔隙，使改性黄土的吸水能力大大降低，从而阻止了黄土的湿陷行为。

对2.46%改性土样的浸出液的pH值、总铜、总锌、总砷、总汞、总铅、铬、铁、锰、铝等项目进行检测，并对照检测结果，发现其浸出液符合《农田灌溉水质标准》（GB 5084—2021）的规定，因此抗疏力固化剂是一种环境友好型的固化材料。

表9-1 固化土析出液成分分析（mg/L）

	pH值	铜	锌	砷	汞	铅	铬	铁	锰	铝
含量	8.07	0.001	0.02	0.0015	0.00009	0.002	0.012	0.03	0.01	0.008

9.1.2 研究方法

（1）固化土植草预实验。前期的研究成果表明，抗疏力固化土在配合比为粉剂（SD）1%+ 液剂（C444）0.5‰ 时，固化土的抗压、抗剪强度均可以达到最优。故在预实验中，选择抗疏力固化剂配合比与之接近的进行试验。用直径为2 mm的筛子筛去粗颗粒（如贝壳和小石块）。抗疏力固化剂购自中华人民共和国甘肃瑞斯抗疏力技术永城有限公司。预实验选取的在本地广泛使用的草坪草种－黑麦草，每个种植盒下种数量为50颗，以方便测定其发芽率。共选择12组不同的配合比进行预实验，除黄土和固化剂外，不再添加任何物质。其中，抗疏力固化剂配合比（粉剂 + 液剂）分别为0.44%、0.46%、0.84%、0.86%、1.24%、1.26%、1.64%、1.66、2.04%、2.06%、2.44、2.46%，进行种植筛选预实验（图9-2）。

图 9-2　固化土植草预试验

（2）室内种植盒试验。结合预实验的实验结果，在室内进行种植盒实验中选取配合比分别为 0%、0.86%、1.26%、1.66% 的抗疏力固化剂作为基质材料固化剂，并与加入其中的腐殖质（秸秆、锯末）用量 3%，保水剂 0.1% 及有机肥 0.2% 共同形成喷播基质材料。

本实验中种植盒大小为 76 cm×76 cm×15 cm（图 9-3），草籽使用数量占土重的 30%。实验开始时，先将称好重量的草籽和抗疏力固化剂（液剂和粉剂）、腐殖质（秸秆、锯末）、保水剂、有机肥等材料按上述配方混合，加入从研究区取样的黄土和水进行拌和，然后添置在种植盒中。给种植盒盖上无纺布，并定期在无纺布上浇水保证其湿润。生物量测定。播种后，待草大部分发芽后，在 7 d、15 d、30 d、40 d、60 d、90 d 分别统计植株的数目，从而计算各自的发芽率。在播种后 7 d、15 d、30 d、40 d、60 d、90 d 分别随机测量 10 株禾本科的苗高并记录。在生育期后，测定土体内的根数，并在自然风干后测定期干重。

图 9-3 种植盒实验

（3）根土复合体的应力应变试验及渗透试验。参照《土工试验方法标准》进行试验。试验试件为试验周期结束后的盒内土样，用环刀直接在种植箱中取土，环刀内径为 61.8 mm，高度为 20 mm，取土方法参照《土工试验方法标准》第 3.1.4 条进行。本次实验土样分为素土、植草土以及加入 3 种不同比例抗疏力稀释液的固化土体，每组取 4 个试件，取土后立即进行直剪试验，每组试件分别在垂直压力为 50 kPa、100 kPa、150 kPa、200 kPa 下进行固结快速直剪试验。

（4）有机质及重金属元素测定。在一个生育期末，对个配比的植草盒测定其有机质和重金属元素，以更好地掌握固化剂植草的工程应用效果。本实验委托北京中科光析化工技术研究所对不同配比的基质材料和基层土壤的有机质和重金属元素进行测定。

9.2 结果与分析

9.2.1 抗疏力固化土植草筛选预实验

为降低实验的误差，每一种不同配合比的抗疏力固化土都制作 4 个盒子进行植草筛选预实验，通过两周时间的记录黑麦草发芽情况，如图9-4所示。在实验室对抗疏力在不同配合的基材进行了预实验，共选了12种配合比，试验周期15 d，选择当地常用的草坪草－黑麦草，下种量50颗，测定了不同固化剂配合比下的发芽率。由图可以看出，黑麦草的发芽率在50%以上，最高达到85%。结合前期的研究成果，从强度、渗透角度出发，选择0.86%、1.26%和1.46%作为种植试验配合比。

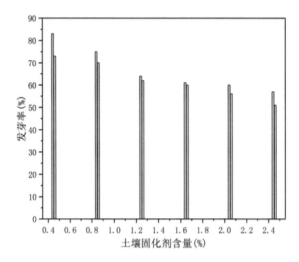

图9-4　不同抗疏力配合比下的黑麦草的发芽率

9.2.2 抗疏力固化土植草种植盒实验

种植一周时间观察发芽情况，4个种植盒中都有种子发芽，其中0%含量固化土和0.88%固化剂含量发芽较多，另外两种方案的发芽稀疏。在观察其发芽情况良好的情况下，去掉种植盒上的无纺布，并保持定期浇水，后续观察和记录4个种植盒中草的长势情况。

9.2.3 不同时间种植草生长曲线

由图9-5可以看出，草在不同时期的株高，可以划分为两个阶段，第一阶段为50 d左右，这个时期，随着时间的增加，株高基本呈直线增加。第二阶段为 50 d，以后，这个阶段不加固化剂和添加了 0.86% 的固化剂的植株高度增加速度快，而 1.26% 和 1.66% 的配合比的植株高度基本不变化。但 1.26% 的植株高度大于 1.66% 的植株高度。

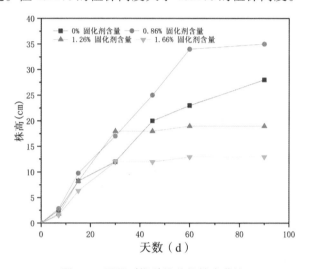

图 9-5　不同时期种植草的株高曲线

植被能够改善边坡的土壤结构，增强土壤的抗冲性和抗侵蚀能力，从而提高土壤渗水、保水能力。同时，植被根系的发育可以促进土壤中的孔隙结构的形成，增强土壤的整体稳定性。为评估生态护坡技术在黄土边坡护坡中的应用效果，在施工完成后，分别在 7 d、15 d、21 d、30 d、45 d，对固化剂掺量为 0% 和 0.86% 的土壤的植被生长情况进行观测记录，生长情况由每平方米的植株数来表示（图 9-6）。由图 9-6 可以看出，固化剂掺量不同的土壤中的植株数随着时间变化，基本有相似的变化规律，前期植株数增加较快，后期植株数的增加缓慢。相比于固化剂掺量为 0% 的土壤，固化剂掺量为 0.86% 的土壤的植被的生长情况较好。这说明固化土植草的生态护坡技术能够更好地增强土壤的稳定性，减少雨水对土壤的冲刷，从而减少边坡坡面破坏的风险。

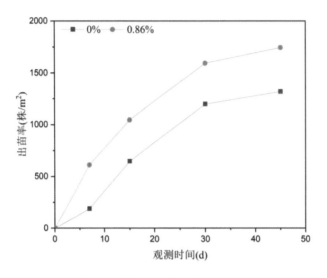

图 9-6　不同时期种植草的植株数

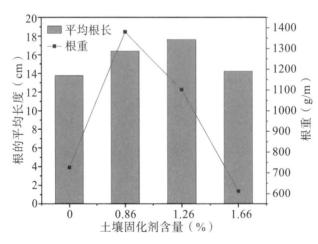

图 9-7　不同配合比种植土根的平均长度和生物量曲线

由图 9-7 可以看出，平均根长和平均根重的数据记录表。由图可以看出，0% 和 1.66% 配合比的根重和根长为最低，而 0.86% 和 1.26% 的的根重和根长不同。记录了不同时间，单位面积上的植株数，由表 9-2 可以看出，前期为添加固化剂的发芽率较低，而添加了固化剂的发芽情况比较好，随着时间的增加，随着固化剂增量的增加，株数减少。

9.2.4 种植后的重金属元素及有机质的变化

1. 营养元素的变化规律

由表 9-2 可以看出，在不同配合比下，为添加固化剂的基质材料的有机质较小，而添加了固化剂的机制材料有机质之间没有明显的差异。含氮量在数值上随着固化剂增量的增加而增加。

表 9-2　固化土客土有机质含量

试样	有机质 %	N%	P%	K%
0% 固化土	0.61	0.045	0.13	1.02
0.88% 固化土	0.75	0.051	0.12	0.88
1.26% 固化土	0.74	0.052	0.14	1.01
1.66% 固化土	0.74	0.059	0.13	1.00

2. 金属元素

表 9-3 和表 9-4 对基质材料和基层材料的金属元素进行了测定，试验结果表明，所有重金属元素均在标准范围内，添加的固化剂对重金属元素的影响不明显。在试验过程中，按照《土壤环境质量 农用地土壤污染风险管控标准（试行）》GB 15618—2018 对客土层和基层土壤的必测项目铬、汞、砷、铅、铬、铜等重金属元素进行了测定。由表 9-3 和 9-4 可以看出，所测所有重金属元素的含量均在标准范围内。由此可以看出，在现有的施工工艺条件下，抗疏力固化土植草并不会对坡面土壤产生污染，为生态型治理模式。

表 9-3　固化土客土土壤重金属含量

试样	镉 mg/kg	汞 mg/kg	砷 mg/kg	铅 mg/kg	铬 mg/kg	铜 mg/kg
0% 固化土	<0.001	<0.001	15.2353	<0.001	26.5331	21.4191

试样	镉 mg/kg	汞 mg/kg	砷 mg/kg	铅 mg/kg	铬 mg/kg	铜 mg/kg
0.88% 固化土	<0.001	<0.001	12.4833	<0.001	22.9253	18.2034
1.26% 固化土	<0.001	<0.001	14.2355	<0.001	24.3598	17.1104
1.66% 固化土	<0.001	<0.001	13.8277	<0.001	26.2204	11.6891

表 9-4　固化土基层土壤重金属含量

试样	镉 mg/kg	汞 mg/kg	砷 mg/kg	铅 mg/kg	铬 mg/kg	铜 mg/kg
0% 固化土	<0.001	<0.001	21.5704	<0.001	31.9687	43.8573
0.88% 固化土	<0.001	<0.001	16.8909	<0.001	23.7851	10.3969
1.26% 固化土	<0.001	<0.001	14.2355	<0.001	24.3598	17.1104
1.66% 固化土	<0.001	<0.001	14.7504	<0.001	26.1102	20.0425

9.2.5 固化土植草抗剪特性研究及渗透特性研究

1. 抗剪特性研究

土体的抗剪强度对边坡的稳定性具有明显的影响，能够反映出土体在自重或者外部荷载作用下发生剪切破坏的难易程度。土的抗剪强度影响因素，主要由摩擦强度、黏聚强度（土体本身颗粒大小、颗粒矿物成分、形状、级配）的特性和受力条件（受力性质、大小、加荷速度）等决定，而摩擦强度和黏聚强度在诸多影响因素中占主导作用。而对于根土复合体还要考虑植物根系的固土作用。通过对不同固化土植草的根土复合体进行固结快剪试验，记录了在不同压力 50 kPa、100 kPa、150 kPa、200 kPa 下，土体的剪切变形和应力关系的曲线。由图 9-8 可以看出种植草的应力－应变曲线图的变化趋势基本一致，即前期曲线斜率比较大、后期曲线斜率较小，说明前期非饱和黏性土需较大的力，才能使土体产生应变。应力－应变曲线具有非线性特征；相同气泡含量的试样随着围压增大，曲线形态由软化型向硬化型转化，强度不断增大；相同围压时，随着气泡含量的减小，试件的破坏峰值逐渐增大，当气泡轻质土经过弹塑性变形发生塑性破坏后，完全处于弹塑性变形状态，此时塑性变形阶段的应力－应变曲线近似为一条水平直线，土体处于单纯的压密变形阶段，最终土体发生破坏。

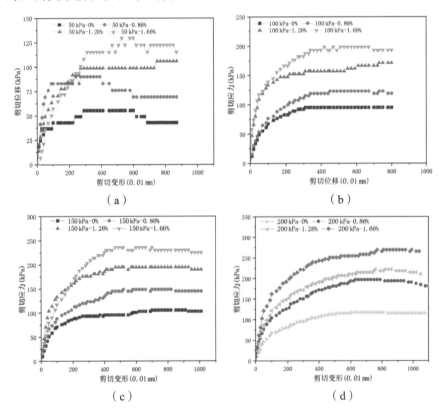

（a）　　　　　　　　　（b）

（c）　　　　　　　　　（d）

图 9-8　固化土植草土体的应力－应变关系曲线

图 9-9 为不同土体垂直压力与切应力的关系曲线。从图 9-9 可以看出，垂直压力与固化土切应力间呈直线关系，0%、0.86%、1.26% 和 1.66% 配合比的相关系数分别为 0.97、0.98、0.99 和 0.94，所以固化土土体基本符合莫尔－库伦破坏准则，可以用 $\tau=\sigma\tan\varphi+c$（φ 为内摩擦角，

c 为黏聚力）进行线性拟合，其结果见表 9-5。

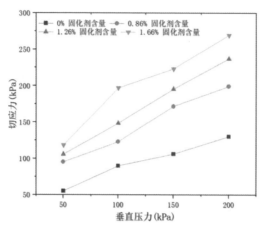

图 9-9　垂直压力和切应力间的关系曲线图

由表 9-5 可以看出，固化土黏聚力和内摩擦角都随固化土含量的增加而增加。相对于 0% 的固化土体，0.86%、1.26% 和 1.66% 的黏聚力分别增加了 62.32%、74.60% 和 132.70%，而黏聚力分别增加了39.23%、61.04% 和 70.45%。由表可以看出，添加固化剂以后，随固化剂含量的增加，根土复合体的抗剪强度亦随之提高。

表 9-5　固化土植草土壤抗剪强度指标

固化剂含量（%）	0	0.86	1.26	1.66
黏聚力（kPa）	35.34	57.36	61.70	82.24
内摩擦角（°）	25.72	35.81	41.42	43.84
含水量（%）	18.02	19.24	19.30	19.57

由以上的试验分析可知，抗疏力固化土在配合比为 0.8% 粉剂 +0.6‰ 的液剂时，无论是生长的数量还是生长的高度都比其他配合比固化土的情况好，故选择抗疏力固化土在配合比为 0.8% 粉剂 +0.8‰ 的液剂左右时最适合实施抗疏力固化土植草。

2. 渗透效果

表 9-6 通过试验对不同配合比固化植草土体的渗透系数进行了测定。由表可以看出，纯黄土的渗透系数 $2.55e^{-4}$cm/s，植草后由于黄土的渗透系数降低了 2 个数量级，表现为弱透水性。掺加不同含量的固化剂后，随着固化剂掺量的增加，黄土的渗透系数降低。其中，固化剂掺量为 0.86% 的改性土体相对于固化剂掺量为 0% 的固化土，渗透系数降低了 78.4%，而固化剂掺量为 1.26% 和 1.66% 的固化土相对于固化剂掺量为 0% 的固化土，渗透系数分别降低了 88.0% 和 95.8%。相较于传统的客土喷播技术，掺加固化剂后，客土的渗透性有一定程度降低，但从植物的生长情况来看，上述掺量造成的固化土渗透性变化对植物的影响较小。表 9-6 为不同掺量下固化植草土体的渗透系数。

表 9-6　不同掺量固化植草土体的渗透系数

固化剂掺量 %	0	0.86	1.26	1.66
饱和渗透系数（cm/s）	3.82E−05	8.25E−06	4.65E−06	1.59E−06

9.2.6 工程实例

现场护坡试验区位于小崆峒景区，为小崆峒综合治理灾害治理坡，边坡为土质边坡。削坡坡比 1∶0.75，坡高 10 m，坡长 12 m。按照改性土含量 0%、0.88% 进行生态护坡处理，共设 2 个试验区，试验区总面积 1000 m²。

1. 方案设计整体思路

本试验设计主要是对已削黄土坡坡面的生态防护模式进行研究。对于稳定边坡而言，由于水的原因导致坡面产生水土流失，通常可以采用工程措施或者生物措施进行防护。但是单一的护坡模式，对于坡面的生态恢复并不有利。采用生态模式，即结合工程措施和生物措施的模式进行边坡防护，可以充分发挥工程护坡和生物护坡二者的优势，黄土边坡的稳定和恢复能起到更加重要的作用。

固化土喷播是我国从日本引进的一项适合在贫瘠土及石质边坡上进行植被建植的新型技术。它通过特定设备，将种子、岩石绿化料、固化土、保水材料、团粒剂、稳定剂混合后，通过泵和压缩空气输送喷射到坡面，并达到一定厚度，以形成植物生长基质的一种喷播强制绿化种植技术。

本研究通过抗疏力生态土挂网喷播的模式对黄土边坡进行生态护坡研究。

2. 生态护坡施工工艺

抗疏力泥浆喷涂设备可以到场，兼具人力、拌合机械、运输机械时，则对坡面进行机械喷涂施工作业。

（1）直接喷播护坡施工措施。施工工序流程：边坡检验—挂钢筋网—喷播基材配置—种子层喷播—盖无纺布。

①边坡检验及清理。应清理坡面上的杂物，施工范围内的浮石、碎屑物等应清理干净，填补坡面的坑道，保证坡面沿断面方向平顺。

②边坡挂网。人工在边坡挂镀锌铁丝网，规格 1.8 mm，网孔 2.5 cm×2.5 cm，利用 10 圆钢筋进行固定。

③喷播基材配置。喷播基材包括抗疏力固化剂（液剂和粉剂），抗疏力固化剂用料 0%、1.26%；腐殖质（秸秆、锯末）用量 3%，保水剂 0.1%，有机肥 0.2%。混合草种：30 g/m²，包括小冠花、白三叶、紫花苜蓿、画眉草、黑麦草、早熟禾、柠条、鸭茅、无芒雀麦、沙打旺。

④喷播机喷播。通过喷播机将拌合好的混合泥浆，从下到上均匀喷到坡面上，厚度 7～10 cm。施工前，在坡面喷洒适当的水，让坡面保持湿润。

⑤盖无纺布养护。在喷好的坡面覆盖无纺布进行养护。

（2）边坡平台绿化。由于 1、2 级坡面间的平台面积较小，同样采用喷播技术进行绿化。

（3）养护。

①灌溉。充分利用自然降雨。必要时，采用人工浇水。

②补植、改植。对被破坏或其他原因引起死亡的草坪、苗木植物应及时补植；灌木及乔木养护时及时清理死苗，一周内补植回原来的种类并力求规格与原来植株接近，以保证优良的景观效果。补植按照种植规范进行，施足基肥并加强淋水等保养措施，保证成活率达 100%。对已呈老化或明显与周围环境不协调的植物及时进行改植。

③病虫害的防治。及时作好病虫害的防治工作，以防为主，精心管养，使植物增强抗病虫能力，经常检查，早发现早处理。采取综合防治、化学防治、物理人工防治和生物防治等方法防止病虫害蔓延和影响植物生长。尽量采用生物防治的办法，以减少对环境的污染。用化学方法防治时，一般在晚上进行喷药；药物、用量及对环境的影响，要符合环保的要求和标准，发生病虫危害，最严重的危害率在 3% 以下。

3. 坡面植被恢复效果评价

为了分析不同固化剂的出苗情况，自施工完成以后，连续 45 d 对样方进行调查观测。所记录的出苗情况为所有禾本科和豆科的出苗情况，从图 9-10 可以看出，与室内试验一致，在现场试验中，0.88% 固化土的出苗率高，而 0% 固化剂的出苗率相对较低。

从图 9-11 可以看出，采用 0.86% 固化土植草在前期的坡面植被覆盖度数值稍高于采用 0% 的坡面，二者在 1 个月就能达到 75% 以上，第 45 d 调查结果显示植被覆盖度已超过 90%，达到施工要求。主要以禾本科草本植物为主。包括多年生黑麦草、高羊茅，紫花苜蓿以及部分豆科植被。

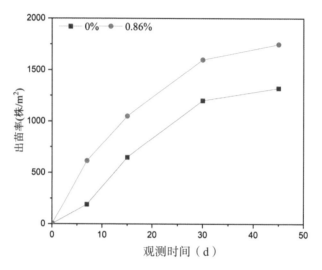

图 9-10　种植草出苗数曲线图

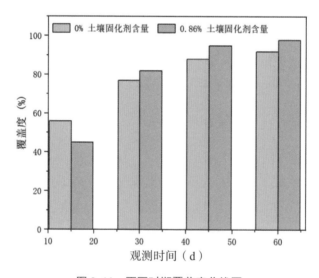

图 9-11　不同时期覆盖度曲线图

试验的施工期为 7 月初。为了更好地比较加固土壤稳定剂的护坡效果，在试验过程中，坡 1 为未加固化剂边坡，坡 2 为加固化剂边坡，坡 3 为未处理边坡（图 9-12）。将加固土壤稳定剂的护坡效果与不加固土壤稳定剂的护坡效果进行了比较。施工后定期对试验边坡进行现场评估。经固化土壤稳定剂改性后的坡面无明显侵蚀，雨季后该区坡面植被生长良好。然而，该边坡未经稳定剂改造，且有明显的冲沟，植被破坏更为严重，如图9-12（a）所示。90 d后，在炎热的夏季和雨水侵蚀之后，修改后的边坡完全被植被覆盖并得到充分保护，如图9-12（b）所示。从以上护坡效果可以看出，固结型土壤稳定剂可以改善土壤的抗侵蚀性能，具有良好的生态护坡效果。

（a）

（b）

图9-12　固化土植草现场效果图

4. 植被的保水保土效果评价

图9-13为降雨前含水量与降雨后2 d含水量的对比柱状图和降雨后45 d的不同处理方法的含水量，由图9-13（a）可以看出加入固化

剂的边坡 2 在降雨前后含水量的变化，在 10 ～ 30 cm 深度的含水量提高在 6% ～ 9%。而在 40 ～ 50 cm 深度的含水量分别提高了 16.7% 和 21.4%。未加入固化剂的植草边坡 1，在 10 ～ 30 cm 深度的含水量提高了 17% ～ 43%，而在 40 cm ～ 50 cm 深度处分别提高了 53.0% 和 27.9%。未处理的边坡 3，在降雨后其 10 ～ 20 cm 的含水量分别提高了 21.8% 和 16.7%。而 30 ～ 50 cm 的含水量分别提高了 6.5%、9.8% 和 18.32%。结果显示，坡底的含水量提高的幅度最大，考虑是由于取土位置在靠近坡底的部分，马道上的雨水渗入到坡体内，导致含水量增加。结果表明，植草后的边坡保水能力提高，有利于植被的生长，而未处理边坡在降雨后，浅层含水量提高明显。

由图 9-13（b）可以看出加入固化剂的边坡 2 在降雨前后含水量的变化，在 10 ～ 50 cm 深度的含水量降低了 5.7%、7.3%、2.1%、4.6% 和 7.1%。未处理的边坡 3，在 10cm 深度降低了 19.4%，20 ～ 40 cm 深度含水量分别降低了 0.5%、2.5%、1.2%。而在 50 cm 处，含水量降低 16.3%。未添加固化剂的边坡 1，10 ～ 20 cm 的含水量分别降低了 27.1% 和 53.4%。而 30 ～ 50 cm 的含水量分别降低了 39.5%、44.5% 和 13.1%。结果表明，未添加固化剂植草的边坡在降雨后下降幅度较大，考虑其原因是未添加固化剂的边坡植被在喷播过程中马道上植被生长情况比较好，植被蓄水能力强，而降雨后取土时间在植被的生育期末期，植被覆盖度变低，导致蒸发速度变快。

从图 9-13（a）和图 9-13（b）可以看出，利用固化土植草的边坡在保水能力上要优于其他两种方案，主要体现在降雨时，雨水可渗入到土体内满足植被的生长，而在降雨后，能够防止水分过快蒸发。

图 9-14 是不同处理坡面在不同深度处的营养物质柱状图（W 代表未处理坡面，K 代表添加固化剂处理坡面，S 代表未添加固化剂处理坡面，10 和 20 分别代表取样深度为 10 cm 和 20 cm）。由图 9-14 可以看出，在所测定的营养物质中，全钾的含量最高，其次是有机质含量，最后是

全磷含量和全氮含量。

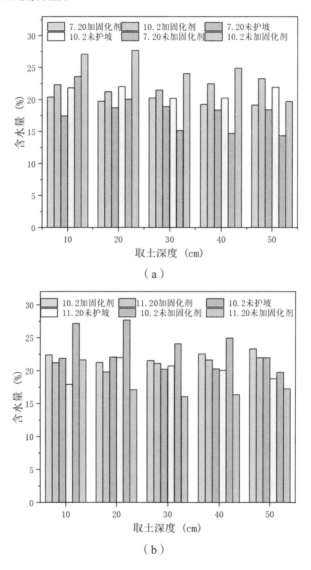

（a）

（b）

图 9-13　降雨前后土体含水量沿深度的变化规律

从图 9-14 中可以看出，无论是未处理坡面（W）、添加固化剂处理坡面（K）还是未添加固化剂处理坡面（S），全磷的含量在 10 cm 和 20 cm 深度的土壤中都没有显著差异，这表明全磷的分布相对均匀，处理方式和深度对全磷含量的影响不大。

对于全氮的含量，无论是未处理坡面（W）、添加固化剂处理坡面（K）还是未添加固化剂处理坡面（S），K10 的全氮含量最高，为 0.29 g/kg，表明固化剂的添加有助于全氮的保持。

对于全钾的含量，在未处理坡面（W）、未添加固化剂处理坡面（S）和添加固化剂处理坡面（K）中，全钾的含量随着深度的增加均略有下降。在添加固化剂处理坡面（K）中，全钾含量在两个深度的土壤中均高于未处理坡面（W）、未添加固化剂处理坡面（S）。这表明固化剂的添加有助于全钾的保持，尤其是在较浅的土层中。

对有机质的含量，在未处理坡面（W）、未添加固化剂处理坡面（S）和添加固化剂处理坡面（K）中，有机质的含量随着深度的增加均显著下降。而在添加固化剂处理坡面（K）中，有机质的含量在两个深度的土壤中都较高。这表明固化剂的添加有助于有机质的保持和积累。

植被的营养物质影响植被的生长情况和根系的发育情况，从上面的分析结果可以看出，按照合理配比添加固化剂后，可以提高坡地土壤质量，有利于坡面植被的生长。

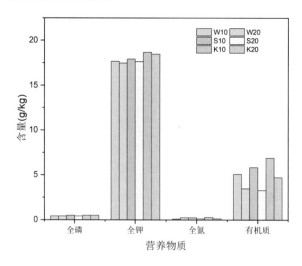

图 9-14 不同处理坡面在不同深度处的营养物质

第 10 章　总结与展望

10.1 总结

（1）通过对研究区的现场调查和已有资料的分析，研究区降水主要集中于 7 月～9 月，且常以大雨、暴雨的形式降落，大雨、暴雨具有局部性和间歇性特点。研究区土质均匀，化学成分以 SiO_2 含量最多，占51.75%。

（2）黄土具有大孔隙，不均匀的特点。降雨发生后，雨水沿孔隙渗入土体内部，孔隙中的流体有孔隙水和气体组成。在进行渗流分析时，其流动规律依然符合达西定律。利用达西定律推求出非饱和黄土的渗流方程，在计算过程中，土体中的土颗粒和孔隙水人为是不可压缩的，土的压缩通过孔隙比来反应。

（3）针对本地区马兰黄土通过对不同密度黄土工程性质的研究，黄土的渗透系数、孔隙比随着干密度的增加而较小，非饱和黄土土 - 水特征曲线符合 VG 模型。

（4）黄土压缩性和湿陷性在用抗疏力固化剂加固后显著降低。抗疏力固化剂在较低的含量比下能快速提高黏聚力。当固化剂含量为 1.66%时，摩擦角增大，然后随着固化剂含量的增加，只显示一个小的变化。压汞试验结果显示，随着抗疏力固化剂含量的增加，固化土的累积孔隙体积减小，集料间的空隙率增大孔隙变为团聚体内孔隙，粒间孔隙略有增加，峰值因为所有的毛孔都减少了。

（5）通过模拟人工降雨装置，对降雨条件下黄土边坡的入渗特性进行研究。设定降雨条件，利用相似原理设计边坡，通过埋设在坡体能的传感器对边坡降雨过程中的含水量、孔隙水压力进行测定。降雨前期坡顶的含水量和孔隙水压力开始发生变化，随后坡中和坡底的含水量变化，到降雨 1.5 h 左右，坡顶含水量先达到峰值，随后坡底，最后为坡中。孔隙水压力与之相似。

（6）以降雨强度、降雨持时、降雨雨型、渗透系数等为因素研究了降雨入渗作用下不同坡度的边坡孔压和位移的变化规律。对于不同坡度而言，降雨持时的增加会加大边坡失稳破坏的风险。当降雨量相同时，降雨持时和降雨强度对边坡位移和孔压的发展存在影响，并且随着边坡坡度的变化而变化。当降雨量较小时，降雨强度影响较大，当降雨量变大时，降雨持时占主要影响。对于坡度为 30°、45° 和 60° 的边坡，分别在均匀型雨型工况、后峰型工况和中峰型工况下边坡位移和孔压最大。渗透系数直接影响到边坡的基底吸力、降雨入渗快慢。

（7）后峰型和均匀型降雨随着降雨时间的增加边坡的位移和孔压也随之增加，而中峰型和不均匀型等降雨后期降雨强度减小，边坡的孔隙水压快速消散，导致边坡的位移和孔压响应发生在降雨过程中。间歇性降雨会导致边坡参考点孔压和位移的累积效应。当连续降雨量相同，降雨间隔时间越短，边坡参考点孔压和位移的累积效应就越明显，相比于未考虑间歇性降雨，参考点的孔压、位移均有一定的增加，会降低边坡的稳定性。

（8）抗疏力固化剂为生态性固化剂，由其所形成的基质层，重金属指标在农田使用的要求范围内。固化土在配合比为 0.86% 时，其生物量检测均表现出良好的反应。在固化剂添加量为 0.86% 的配合比下其抗剪强度比素土提高 60% 左右，能有效减小黄土的侵蚀和浅层边坡的稳定性。通过现场的工程应用，固化土植草在黄土边坡的应用是可行的，其水土保持的效益明显，可以作为黄土边坡治理的一种新思路。

10.2 展望

（1）黄土所具有的湿陷特性对黄土边坡的稳定性同样有作用，本次研究中无论从室内试验角度或从仿真角度，对于湿陷性对边坡的影响没有考虑。对黄土湿陷性对边坡稳定性的影响应该进行进一步的分析。

（2）采用固化土植草方法进行边坡防护，既可以发挥固化土稳定土壤的能力，又能够利用植物的根系进一步对土体进行加固，在防治雨水入渗方面具有很大的优势，尤其在湿陷性黄土地区。但是黄土的性质差异很大，黄土的性质和冠草的生长受降雨和温度等条件的影响。未来，需要更多相关的研究来推广。

参考文献

[1] 孙明祥.铜川某工程不同深度黄土抗剪强度试验研究 [J].路基工程，2021（1）：91-97.

[2] 王宏宇，董山，李婕，等.不同压实条件对黄土抗剪强度的影响 [J].科技通报，2020，36（11）：69-73，78.

[3] 蔡国庆，张策，黄哲文，等.含水率对砂质 Q3 黄土抗剪强度影响的试验研究 [J].岩土工程学报，2020，42（增刊2）：32-36.

[4] 谢定义，齐吉琳.土结构性及其定量化参数研究的新途径 [J].岩土工程学报，1999，21（6）：651-656.

[5] 王腾，周茗如，王晋伟，等.黄土塬地区非饱和结构性黄土的强度特性研究 [J].岩土工程学报，2018，40（增刊1）：189-197.

[6] 杨雪强，刘攀，朱海平，等.庆阳黄土及红粘土的渗透特性研究 [J].工程勘察，2021，49（2）：14-18，40.

[7] 任晓虎，许强，赵宽耀，等.反复入渗对重塑黄土渗透特性的影响 [J].地质科技通报，2020，39（2）：130-138.

[8] 张风亮，罗扬，朱武卫，等.黄土节理渗透特性的试验研究 [J].工业建筑，2019，49（1）：21-24.

[9] 袁克阔，党进谦，王自奎，等.压实黄土水理特性试验研究 [J].人民长江，2009，40（20）：34-37.

[10] 李萍，李同录，王红，等.非饱和黄土土－水特征曲线与渗透系数

Childs & Collis-Geroge 模型预测 [J]. 岩土力学，2013，34（增刊2）：184-189.

[11] 许淑珍，白晓红，马富丽. 利用 MATLAB 拟合压实黄土土水特征曲线的研究 [J]. 太原理工大学学报，2015，46（1）：81-84.

[12] 王娟娟，郝延周，王铁行. 非饱和压实黄土结构特性试验研究 [J]. 岩土力学，2019，40（4）：1351-1357，1367.

[13] Alsafi S，Farzadnia N，Asadi A，et al. Collapsibility potential of gypseous soil stabilized with fly ash geopolymer; characterization and assessment[J]. *Construction and Building Materials*，2017，*137*：390–409.

[14] Etim R K，Eberemu A O，Osinubi K J. Stabilization of black cotton soil with lime and iron ore tailings admixture[J]. *Transportation Geotechnics*，2017，*10*：85–95.

[15] Nasiri M，Lotfalian M，Modarres A，et al. Use of rice husk ssh as a stabilizer to reduce soil loss and runoff rates on sub-base materials of forest roads from rainfall simulation tests[J]. *Catena*，2017，*150*：116–123.

[16] 张登良. 加固土原理及基本原则 [J]. 长安大学学报（自然科学版），1979（3）：129-137.

[17] 王栋. 改良土的工程性质及其在秦沈客运专线路基工程中的应用 [D]. 成都：西南交通大学，2001.

[18] 杨梅，刘永红. 掺入石灰改良黄土性能的试验研究 [J]. 路基工程，2007（1）：53-54.

[19] 王妍. 养护龄期对石灰改善黄土工程特性影响的试验研究 [D]. 西安：长安大学，2012.

[20] 王毅敏，梁波，马学宁，等. 水泥改良黄土在高速铁路路基中的试验研究 [J]. 兰州交通大学学报，2005（4）：28-31.

[21] 赵少强，别大华，邓剑辰. 粉煤灰改良黄土填料的试验研究 [J]. 铁道建筑技术，2006（3）：47-50.

[22] 王俊，王谦，王平，等.粉煤灰掺入量对改性黄土动本构关系的影响 [J].
     岩土工程学报，2013，35（增刊 1）：156-160.

[23] 吕擎峰，刘鹏飞，申贝，等.温度改性水玻璃固化黄土冻融特性试验研
     究 [J].工程地质学报，2015（1）：59-64.

[24] 高立成.固化剂改良黄土力学特性试验研究 [D].太原：太原理工大学，
     2013.

[25] 王银梅，高立成.黄土化学改良试验研究 [J].工程地质学报，2012，20
     （6）：1071-1077.

[26] 侯浩波，张大捷，梁静.HAS 土壤固化剂固化土料的特性及工程应用 [J].
     工业建筑，2006（7）：32-34.

[27] 付晓敦，冯炜，王新岐.路邦土壤固化剂固化土的工程性质试验 [J].中
     国市政工程，2009（6）：10-11，76.

[28] 张虎元，林澄斌，生雨萌.抗疏力固化剂改性黄土工程性质试验研究 [J].
     岩石力学与工程学报，2015，34（增刊 1）：3574-3580.

[29] 张虎元，彭宇，王学文，等.抗疏力固化剂改性黄土进失水能力研究 [J].
     岩土力学，2016，37（增刊 1）：19-26.

[30] 刘万锋，杨永东，张斌伟.抗疏力固化土工程特性及其在黄土路基稳定
     层中的应用 [J].中国建材科技，2014，23（6）：61-62.

[31] Richards L A. Capillary Conduction of Liquids through Porous Mediums[J].
     Journal of Applied PHysics, 1931, *1*（5）：318-333.

[32] Neuman S P. Saturated-unsaturated seepage by finite elements[J]. *Journal of
     the Hydraulics Division Asce*, 1973, *99*：2233-2250.

[33] Narasimhan T N, Witherpoon P A. Numerical model for saturated-
     unsaturated flow in deformable porous media：3. applications[J]. *Water
     Resources Research*, 1978, *14*（6）：1017-1034.

[34] Yang J. Experimental and numerical studies of solute transport in two-
     dimensional saturated-unsaturated soil[J]. *Journal of Hydrology*, 1988, *97*

（3/4）：303-322.

[35] Herrada M A，Gutiérrez-Martin A，Montanero J M. Modeling infiltration rates in a saturated/ unsaturated soil under the free draining condition[J]. *Journal of Hydrology*，2014，*515*：10-15.

[36] Vanapalli S K，Fredlund D G . Empirical procedures to predict the shear strength of unsaturated soils[C]// 11th Asian Regional Conference on Soil Mechanics and Geotechnical Engineering. 1999.

[37] 苏立海，姚志华，黄雪峰，等 . 自重湿陷性黄土场地的水分运移规律研究 [J]. 岩石力学与工程学报，2016，35（增刊 2）：4328-4336.

[38] 徐学选，陈天林 . 黄土土柱入渗的优先流试验研究 [J]. 水土保持学报，2010，24（4）：82-85.

[39] 顾慰祖 . 利用环境同位素及水文实验研究集水区产流方式 [J]. 水利学报，1995（5）：9-17，24.

[40] 张辉，王铁行，罗扬 . 非饱和原状黄土冻融强度研究 [J]. 西北农林科技大学学报（自然科学版），2015，43（4）：210-214，222.

[41] Alonso E，Gens A，Lioret A，et al. Effect of rain infiltration on the stability of slopes[J].*Un-saturated Soils*，1995，*1*：241-249.

[42] Sun Y，Nishigaki M & Kchno I. A study on stability analysis of shallow layer slope due to rain permeation[C]. Un-saturated Soils，1996：315-320.

[43] Fourie A B. Predicting rainfall-induced slope instability[J].*Geotechnical Engineers*，1996，*119*（4）：211-218.

[44] Bordoni M，Meisina C，Valentino R，et al. Hydrological factors affecting rainfall-induced shallow landslides：From the field monitoring to a simplified slope stability analysis[J]. *Engineering Geology*，2015，*193*：19-37.

[45] 李国荣，陈文婷，朱海丽，等 . 青藏高原东北部黄土地区降雨入渗对土质边坡稳定性的影响研究 [J]. 水文地质工程地质，2015，42（2）：

105–111.

[46] 贾洪彪, 徐勇, 许琦, 等.降水作用下非饱和土边坡稳定性研究 [J]. 人民黄河, 2016, 38（6）: 141–144.

[47] 曾铃, 付宏渊, 何忠明, 等.饱和－非饱和渗流条件下降雨对粗粒土路堤边坡稳定性的影响 [J].中南大学学报（自然科学版）, 2014, 45（10）: 3614–3620.

[48] 李涛.考虑降雨及开挖影响下的厚覆盖层边坡渗流特征及稳定性 [J].中南大学学报（自然科学版）, 2016, 47（5）: 1708–1714.

[49] 刘博, 孙树林, 刘俊, 等.降雨入渗条件下裂隙发育的黄土边坡稳定性分析研究 [J].工程勘察, 2016, 44（10）: 16–21, 78.

[50] 李俊业, 唐红梅, 陈洪凯, 等.考虑饱和－非饱和渗流作用的重庆奉节鹤峰乡场镇滑坡稳定性分析 [J].中国地质灾害与防治学报, 2010, 21（4）: 1–7.

[51] 陈勇, 杨贝贝.基于 ABAQUS 的非饱和边坡流－固耦合分析 [J].地下空间与工程学报, 2016, 12（4）: 938–945.

[52] 荆周宝, 刘保健, 解新妍, 等.考虑流固耦合的降雨入渗过程对非饱和土边坡的影响研究 [J].水利与建筑工程学报, 2015, 13（6）: 165–171.

[53] 石振明, 赵思奕, 苏越.降雨作用下堆积层滑坡的模型试验研究 [J].水文地质工程地质, 2016, 43（4）: 135–140.

[54] 高华喜, 殷坤龙.降雨与滑坡灾害相关性分析及预警预报阈值之探讨 [J].岩土力学, 2007, 28（5）: 1055–1060.

[55] Keefer D K, Wilson R C, Mark R K, et al. Real–time landslide warning during heavy rainfall[J]. *Science*, 1987, *238*（4829）: 921–925.

[56] Yu F C, Chen T C, Lin M L, et al. Landslides and rainfall characteristics analysis in Taipei city during the typHoon Nari event[J].*Natural Hazards*, 2006, *37*（1/2）: 153–167.

[57] 田东方, 郑宏, 刘德富. 考虑径流影响的滑坡降雨入渗二维有限元模拟及应用 [J]. 岩土力学, 2016, 37（4）: 1179-1186.

[58] 汪丁建, 唐辉明, 李长冬, 等. 强降雨作用下堆积层滑坡稳定性分析 [J]. 岩土力学, 2016, 37（2）: 439-445.

[59] Cuomo S, Sala M D. Rainfall−induced infiltration, runoff and failure in steep unsaturated shallow soil deposits[J]. *Engineering Geology*, 2013, *162*: 118-127.

[60] Rahardjo H, Li X W, Toll D G, et al. The effect of antecedent rainfall on slope stability[J]. *Geotechnical and Geological Engineering*, 2001, *19* （3/4）: 371-399.

[61] Yeh H F, Chen J F, Lee C H. Application of a water budget model to evaluate rainfall recharge and slope stability[J]. *Journal of the Chinese Institute of Environmental Engineering*, 2004, *14*（4）: 227-236.

[62] Dahal R K, Hasegawa S, Nonomura A, et al. Failure characteristics of rainfall−induced shallow landslides in granitic terrains of shikoku island of Japan[J]. *Environmental Geology and Water Sciences*, 2009, *56*（7）: 1295-1310.

[63] Rahimi A, Rahardjo H, Leong E C. Effect of antecedent rainfall patterns on rainfall−induced slope failure[J]. *Journal of Geotechnical and Geoenvironmental Engineering*, 2011, *137*（5）: 483-491.

[64] Regmi R K, Jung K, Nakagawa H, et al. Study on mechanism of retrogressive slope failure using artificial rainfall[J]. *Catena: An Interdisciplinary Journal of Soil Science Hydrology-GeomorpHology Focusing on Geoecology and Landscape Evolution*, 2014, *122*（1）: 27-41.

[65] Regmi R K, Nakagawa H, Kawaike K, et al. Three−dimensional analysis of rainfall−induced slope failure[J]. *International Journal of Erosion Control*

Engineering，2012，*5*（2）：113−122.

[66] Tohari A，Nishigaki M，Komatsu M. Laboratory rainfall−induced slope failure with moisture content measurement[J]. *Journal of Geotechnical & Geoenvironmental Engineering*，2007，*133*（5）：575−587.

[67] Rahardjo H，Leong E C，Rezaur R B. Effect of antecedent rainfall on pore−water pressure distribution characteristics in residual soil slopes under tropical rainfall[J]. *Hydrological Processes*，2010，*22*（4）：506−523.

[68] 朱元甲，贺拿，钟卫，等.间歇型降雨对堆积层斜坡变形破坏的物理模拟研究[J].岩土力学，2020，41（12）：4035−4044.

[69] Wu T H，Wckinnell W P，Swanston D N. Strength of tree roots and landslides on Prince of Wales Island，Alaska[J]. *Canadian Geotechnical Journal*，1979，*16*（1）：19−33.

[70] Pollen N，Simon A. A new approach to modeling the mechanical effects of riparian vegetation on streambank stability：A fiber−bundle model[C].World Water & Environmental Resources Congress. 2005：1−12.

[71] Sotir R B，Difini J T ，Mckown A F . Partnering Geosynthetics and Vegetation for Erosion Control[C]// Geosynthetics in Foundation Reinforcement & Erosion Control Systems. ASCE，2010.

[72] Gray D H . Biotechnical and soil bioengineering slope stabilization：a practical guide for erosion control[J]. *Soil Science*，1998，*163*（1）：83−85.

[73] 周云艳，陈建平，王晓梅.植被护坡中植物根系的阻裂增强机理研究[J].武汉大学学报（理学版），2009，55（5）：613−618.

[74] 陈鹏.不同土壤生物工程措施植物发展特征及固土效果研究[D].武汉：湖北工业大学，2018.

[75] 陈飞，郭顺，邵海，等.生态护坡结构在稀土矿山滑坡防治中的应用研究[J].矿业研究与开发，2019，39（5）：44−48.

[76] 何旭东，阮凡，李军，等.加筋麦克垫生态护坡在岩质边坡绿化中的应用 [J].能源与环境，2019（1）：91–93.

[77] 南娟.马莲河防洪工程中生态护坡方案设计 [J].甘肃水利水电技术，2019，55（3）：59–61，65.

[78] 蒋希雁，何春晓，周占学，等.生态护坡中根系对土体抗剪强度的影响 [J].中国水土保持，2019（3）：43–46，69.

[79] 马艺坤.砒砂岩区沙棘根系固坡效应及其机理研究 [D].西安：西北大学，2018.

[80] 王岩，张金山，董红娟，等.白云东矿边坡稳定性及生物护坡技术研究 [J].煤炭技术，2017，36（4）：159–162.

[81] 刘秀萍.林木根系固土有限元数值模拟 [D].北京：北京林业大学，2008.

[82] 潘湘辉，桂岚，李跃军.不同土壤固化剂对土质固化性能影响的对比试验研究 [J].公路工程，2014，39（1）：59–62.

[83] Rashid A S A, Latifi N, Meehan C L, et al. Sustainable improvement of tropical residual soilusing an environmentally friendly additive[J]. *Geotechnical and Geological Engineering*，2017，35（6）：2613–2623.

[84] 张冠华，牛俊，孙金伟，等.土壤固化剂及其水土保持应用研究进展 [J].土壤，2018，50（1）：28–34.

[85] 李昊，程冬兵，王家乐，等.土壤固化剂研究进展及在水土流失防治中的应用 [J].人民长江，2018，49（7）：11–15.

[86] 单志杰，左长清，赵伟霞，等.施用 EN-1 固化剂后土壤入渗能力评价模型研究 [J].中国水利水电科学研究院学报，2013，11（4）：303–308.

[87] 汪勇，刘瑾，张达，等.高分子固化剂加固土质边坡的稳定性分析 [J].河北工程大学学报（自然科学版），2016，33（4）：14–16，38.

[88] 项伟，崔德山，刘莉.离子土固化剂加固滑坡滑带土的试验研究 [J].地球科学（中国地质大学学报），2007，32（3）：397–402.

[89] Seco A，Ramírez F，Miqueleiz L，et al. The use of non-conventional additives in marls stabilization[J]. *Applied Clay Science*，2011，*51*（4）：419-423.

[90] Eren，Filiz M. Comparing the conventional soil stabilization methods to the consolid system used as an alternative admixture matter in isparta dardere material[J]. *Construction and Building Materials*，2009，*23*（7）：2473-2480.

[91] 尹磊，申爱琴，吴寒松，等. 抗疏力固化基层材料击实特性与力学性能研究 [J]. 公路，2019，64（10）：245-249.

[92] 栾茂田，武亚军，年廷凯. 强度折减有限元法中边坡失稳的塑性区判据及其应用 [J]. 防灾减灾工程学报，2003（3）：1-8.

[93] 赵尚毅，郑颖人，张玉芳. 极限分析有限元法讲座：Ⅱ有限元强度折减法中边坡失稳的判据探讨 [J]. 岩土力学，2005（2）：332-336.

[94] Mualem Y. A new model for predicting the hydraulic conductivity of unsaturated porous media[J]. *Water Resources Research*，1976，*12*（3）：513-522.

[95] Genucgten M V. A closed-form equation for predicting the hydraulic conductivity of unsaturated soils[J]. *Soil Science Society of America Journal*，1980，*44*（5）：892-898.

[96] Li L C，Li X A，Wang L，et al. The effects of soil shrinkage during centrifuge tests on SWCC and soil microstructure measurements[J]. *Bull of Engineering Geology and the Environment*，2020，*79*（7）：3879-3895.

[97] AHMED A. Compressive strength and microstructure of soft clay soil stabilized with recycled bassanite[J]. *Applied Clay Science*，2015，*104*：27-35.

[98] Yoobanpot N，Jamsawang P，Horpibulsuk S. Strength behavior and microstructural characteristics of soft clay stabilized with cement kiln dust

and fly ash residue[J].*Applied Clay Science*, 2017, *141*: 146–156.

[99] Rashid A S A, Latifi N, Meehan C, et al. Sustainable improvement of tropical residual soil using an environmentally friendly additive[J]. *Geotechnical and Geological Engineering*, 2017, *35*（6）: 2613–2623.

[100] Hamid T B H B, Miller G A M A. Shear strength of unsaturated soil interfaces[J]. *Canadian Geotechnical Journal*, 2009, *46*（5）: 595–606.

[101] Goh S G, Rahardjo H, Leong E C. Shear Strength of Unsaturated Soils under Multiple Drying–Wetting Cycles[J]. *Journal of Geotechnical and Geoenvironmental Engineering*, 2014（2）: 6013001.

[102] Kiyohara Y, Kazama M, Uzuoka R. Strength behavior of undisturbed volcanic cohesive soil under unsaturated conditions[J]. *Asia Pacific Conference on Unsaturated Soils*, 2009: 115–120.

[103] Wen B–P, Yan Y–J. Influence of structure on shear characteristics of the unsaturated loess in Lanzhou, China[J]. *Engineering Geology*, 2014, *168*, 46–58.

[104] Ng C W W, Springman S M, Alonso E E. Monitoring the performance of unsaturated soil slopes[J].*Geotechnical and Geological Engineering*, 2008, *26*（6）: 799–816.

[105] Oh S, Lu N. Slope stability analysis under unsaturated conditions: case studies of rainfall–induced failure of cut slopes[J]. *Engineering Geology*, 2015, *184*: 96–103.

[106] Zeng L, Bian H B, Shi Z N, et al. Forming condition of transient saturated zone and its distribution in residual slope under rainfall conditions[J]. *Journal of Central South University*, 2017, *24*（8）: 1866–1880.

[107] Krautzer B, Hacker E. Soil–Bioengineering: Ecological Restoration with

Native Plant and Seed Material[C]. HBLFA, Irdning, Austria, 2006: 213–217.

[108] Gray D H, Sotir R B. *Biotechnical and Soil Bioengineering Slope Stabilization, A Practical Guide for Erosion Control*[M].New York: J. Wiley & Sons Inc, 1996.

[109] Greenwood J R, Norris J E, Wint J. Assessing the contribution of vegetation To slope stability[J]. *Geotechnical Engineering*, 2004, *157*(4): 199–207.

[110] Nasiri M, Lotfalian M, Modarres A, et al. Use of rice husk ash as a stabilizer to reduce soil loss and runoff rates on sub–base materials of forest roads from rainfall simulation tests[J].*Catena*, 2017, *150*: 116–123.

[111] Leather J W. The Flow of Water and Air through Soils[J]. *Journal of Agricultural Scienc*e, 1912, *4* (3) : 303–304.

[112] Haghighi F, Gorji M, Shorafa M, et al. Evaluation of some infiltration models and hydraulic parameters[J].*Spanish Journal Of Agricultural Research*, 2010, *8* (1) : 210–217.

[113] Machiwal D, Jha M K, Mal B C. Modelling infiltration and quantifying spatial soil variability in a wasteland of kharagpur, India[J].*Biosystems Engineering*, 2006, *95* (4) : 569–582.

[114] Farid H U, Mahmood–Khan Z, Ahmad I, et al. Estimation of infiltration models parameters and their comparison to simulate the onsite soil infiltration characteristics[J].*International Journal of agricultural and Biological Engineering*, 2019, *12* (3) : 84–91.

[115] Adindu R U, Igbokwe K K, Chigbu T O, et al. Application of kostiakov's infiltration model on the soils of umudike, abia state– nigeria[J].*American Journal of Environmental Engineering*, 2014, *4* (1): 1–6.

[116] Utin U E，Oguike P C. Evaluation of PHilip's and Kostiakov's infiltration models on soils derived from three parent materials in Akwa Ibom State，Nigeria[J]. *The Journal of Scientific and Engineering Research*，2018，*5*（6）：79-87.

[117] Chen L，Young M H. Green-Ampt infiltration model for sloping surfaces[J]. *Water Resources Research*，2006，*42*（7）：887-896.

[118] Mein R G，Larson C L. Modeling infiltration during a steady rain[J]. *Water Resources Research*，1973，*9*（2）：384.

[119] PHilip J R. The theory of infiltration：4. sorptivity and algebraic infiltration equations[J]. *Soil Science*，1957，*84*（3）：257-264.

[120] Cho S E，Lee S R. Instability of unsaturated soil slopes due to infiltration[J]. *Computers & Geotechnics*，2001，*28*（3）：185-208.

[121] 赵双庆，范文，于宁宇.基于小波和MK检验的董志塬年降水量分析[J].河北工程大学学报（自然科学版），2020，37（1）：84-90.

[122] 杨鑫.庆阳非饱和黄土湿陷性及其强度变形试验研究[D].兰州：兰州理工大学，2016.

[123] 陈绍宇.高塬沟壑区溯源侵蚀发生发育规律研究：以董志塬为例[D].西安：中国科学院研究生院，2009.

[124] 王协群，董广丰，胡波，等.应力历史对黄土增湿变形影响[J].大连理工大学学报，2019，59（6）：624-628.

[125] 卢全中，彭建兵.黄土体工程地质的研究体系及若干问题探讨[J].吉林大学学报（地球科学版），2006（3）：404-409.

[126] 谢定义.试论我国黄土力学研究中的若干新趋向[J].岩土工程学报，2001（1）：3-13.

[127] 李大展，何颐华，隋国秀.Q₂黄土大面积浸水试验研究[J].岩土工程学报，1993，15（2）：1-11.

[128] 米海存，何红曼，姜婷婷.近年来黄土渗透系数的研究现状[J].科技

创新导报，2014（2）：25.

[129] 尚银生，胡孟卿，闫金忠，等.设注水孔条件下湿陷性黄土试坑水分入渗规律 [J].河海大小学报（自然科学版），2015，43（2）：144-149.

[130] 张国萍，王林，曹子君，等.考虑不确定性的土水特征曲线模型确定方法比较研究 [J].自然灾害学报，2018，27（4）：151-158.

[131] 李晓云，赵宝平.压力板仪法测土 - 水特征曲线试验研究 [J].灾害与防治工程，2008（2）：43-49.

[132] 余红玲.非饱和土土水特征曲线的预测研究 [D].武汉：武汉理工大学，2014.

[133] 朱伟，程南军，陈学东，等.浅谈非饱和渗流的几个基本问题 [J].岩土工程学报，2006（2）：235-240.

[134] 付建新，宋卫东，杜建华.考虑二维降雨入渗的非饱和土边坡瞬态体积含水率分析 [J].工程科学学报，2015，37（4）：407-413.

[135] 王成文，许模，王在敏，等.小雨条件下入渗土壤中水 - 气运移规律试验 [J].水电能源科学，2015，33（9）：17-21.

[136] 荆周宝，刘保健，解新妍，等.考虑流固耦合的降雨入渗过程对非饱和土边坡的影响研究 [J].水利与建筑工程学报，2015，13（6）：165-171.

[137] 豆红强.降雨入渗 - 重分布下土质边坡稳定性研究 [D].杭州：浙江大学，2015.

[138] 张群，许强，李江，等.南江"9·16"群发性缓倾浅层土质滑坡特征与成因机制研究 [J].自然灾害学报，2016，24（3）：104-111.

[139] 黄晓虎，雷德鑫，夏俊宝，等.降雨诱发滑坡阶跃型变形的预测分析及应用 [J].岩土力学，2019，40（9）：3585-3592，3602.

[140] 贺可强，郭栋，张朋，等.降雨型滑坡垂直位移方向率及其位移监测预警判据研究 [J].岩土力学，2017，38（12）：3649-3659，3669.

[141] 张建，李江腾，林杭，等.降雨触发浅层坡体失稳的迟滞现象及其与土质参数的关联性 [J].中南大学学报（自然科学版），2018，49（1）：150−157.

[142] 王浩，王明哲，陈秀晖，等.复杂路堑高边坡施工期多次滑动机理分析与讨论 [J].中国地质灾与防治学报，2016，27（3）：14−21.

[143] 张群，许强，易靖松，等.南江红层地区缓倾角浅层土质滑坡降雨入渗深度与成因机理研究 [J].岩土工程学报，2016，38（8）：1447−1455.

[144] 付宏渊，史振宁，邱祥，等.炭质泥岩−土分层路堤在浸水条件下的渗流及变形特征试验 [J].中国公路学报，2017，30（11）：1−8，98.

[145] 马吉倩，付宏渊，王桂尧，等.降雨条件下成层土质边坡的渗流特征 [J].中南大学学报（自然科学版），2018，49（2）：464−471.

[146] 付宏渊，马吉倩，史振宁，等.非饱和土抗剪强度理论的关键问题与研究进展 [J].中国公路学报，2018，31（2）：1−14.

[147] 张延军，王恩志，王思敬.非饱和土中的流−固耦合研究 [J].岩土力学，2004，（6）：999−1004.

[148] 陈汉平.降雨入渗引致边坡破坏机制之探讨 [D].台湾：台湾大学土木工程研究所，2003.

[149] 刘博，李江腾，王泽伟，等.非饱和土渗流特性对库岸边坡稳定性的影响 [J].中南大学学报（自然科学版），2014，45（2）：515−520.

[150] 戚国庆，黄润秋，速宝玉，等.岩质边坡降雨入渗过程的数值模拟 [J].岩石力学与工程学报，2003，22（4）：625−629.

[151] 王彦.降雨入渗对边坡稳定的影响 [D].南京：河海大学，2001.

[152] 王立.多雨型下不同边坡稳定性的数值分析 [D].湘潭：湘潭大学，2014.

[153] 王宁伟，颜克顺，梁家豪.不同降雨类型对边坡稳定性的分析与研究 [J].水利与建筑工程学报，2017，15（4）：148−152.

[154] 郁舒阳，张继勋，任旭华，等 . 降雨类型对浅层深层滑坡渗流及稳定性的影响 [J]. 水电能源科学，2018，36（3）：123−127.

[155] 刘才华，陈从新，冯夏庭 . 库水位上升诱发边坡失稳机理研究 [J]. 岩土力学，2015（5）：769−773.

[156] 魏婷婷 . 荷载作用下黄土三维微结构演化及变形破坏机理研究 [D]. 西安：长安大学，2020.

[157] 温馨，胡志平，张勋，等 . 基于 Green−Ampt 模型的饱和−非饱和黄土入渗改进模型及其参数研究 [J]. 岩土力学，2020，41（6）：1991−2000.

[158] 王文焰，汪志荣，王全九，等 . 黄土中 Green−Ampt 入渗模型的改进与验证 [J]. 水利学报，2003（5）：30−34.

[159] 舒凯民，樊贵盛 . 考虑黄土结构变形的 PHilip 入渗模型参数预报 [J]. 人民黄河，2016，38（9）：143−148.

[160] 郭华，樊贵盛 . PHilip 入渗模型参数的非线性预报模型 [J]. 节水灌溉，2016（2）：1−4，8.

[161] 丁建文，洪振舜，刘松玉 . 疏浚淤泥流动固化土的压汞试验研究 [J]. 岩土力学，2011，32（12）：3591−3596，3603.

[162] 汤怡新，刘汉龙，朱伟 . 水泥固化土工程特性试验研究 [J]. 岩土工程学报，2000，22（5）：549−554.